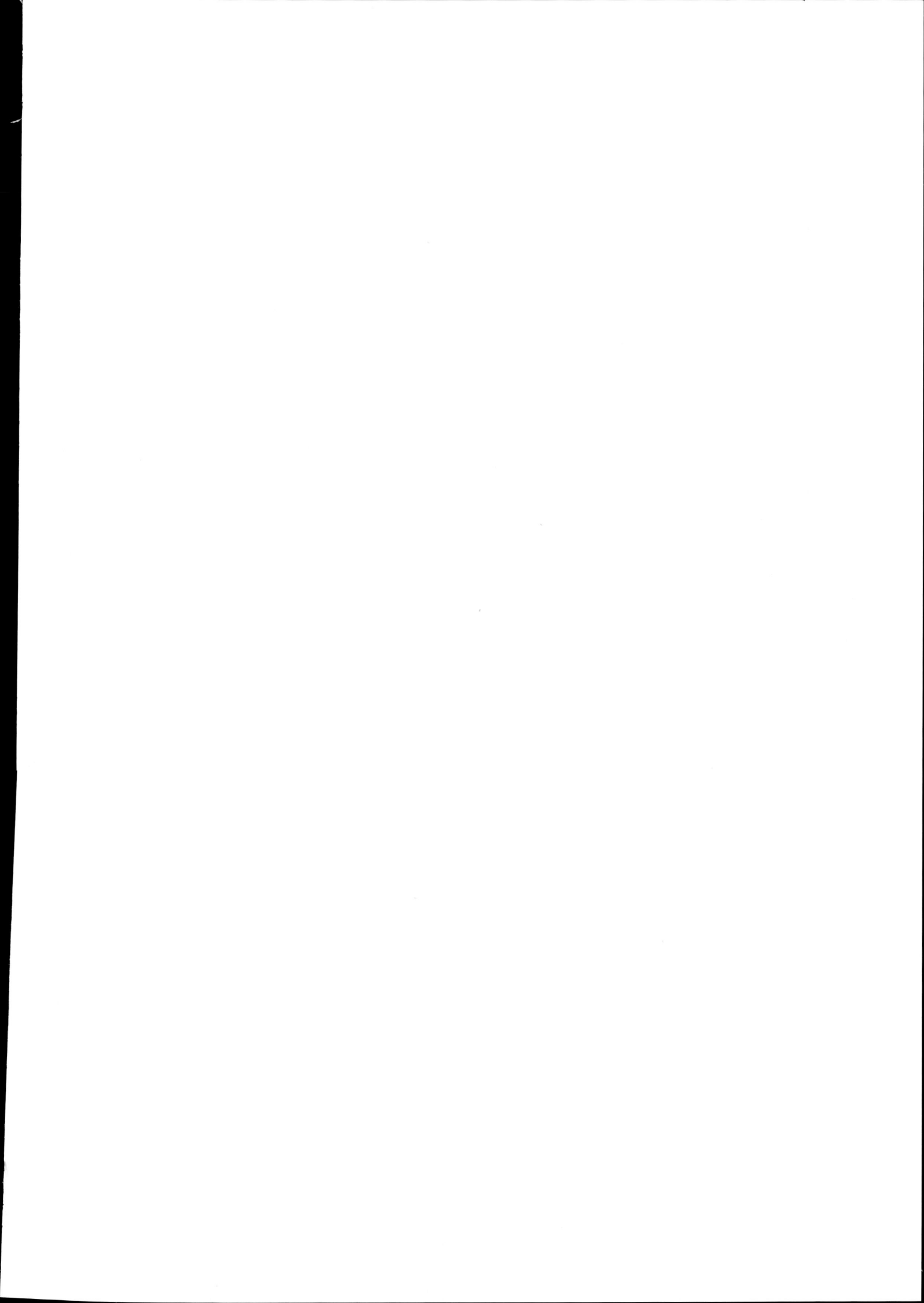

الظل وسره.. بين الآية والعلم

إعداد وتحرير: رأفت علام

مكتبة المشرق الإلكترونية

صدر في أبريل ٢٠٢٥ عن مكتبة المشرق الإلكترونية — مصر

الفصل الأول: مدخل إلى مفهوم الظل

تعريف الظل في اللغة.

الظلُّ في اللغة العربية يحمل معاني متعددة تستند إلى الجذر الثلاثي "ظَلَّ"، الذي يعبر عن الثبات، البقاء، والامتداد. وهو مفهوم يمتد من الظاهرة الحسية الملموسة إلى الدلالات المجازية التي تعبّر عن الحماية والدوام. في التعريف الأساسي، الظل هو المساحة التي تتكون نتيجة اعتراض جسم غير شفاف لمسار الضوء، فينحجب الضوء عن منطقة ما، وتصبح أقل إضاءة مقارنةً بمحيطها.

المعاني الحسية

في المعاجم اللغوية، ورد تعريف الظل بمعانٍ حسية مباشرة:

* في لسان العرب:
  "الظلُّ: هو ما نسخته الشمس أو غيَّرته أو حالت عنه إلى غيره. وقيل: الظل ما لم تنله الشمس".
* في القاموس المحيط للفيروزآبادي:
  "الظل: المكان الذي لا تصله أشعة الشمس أو الضوء المباشر".

المعاني المجازية

يتعدى الظل معناه المادي ليأخذ أبعادًا رمزية ودلالية:

١. الرعاية والحماية: يُستخدم الظل كرمز للحماية، كما في قولهم: "فلان في ظلّ فلان"، أي في كنفه ورعايته.
٢. الدوام أو الزوال: يُستعمل الظل أحيانًا للتعبير عن شيءٍ مؤقت أو عابر، كما في قولهم: "ظلّ زائل"، إشارة إلى الأمور الفانية التي لا تدوم.
٣. الدلالة الروحانية: يُشار إلى الظل كرمز للنعيم أو العقاب في النصوص الدينية، كما ورد في وصف نعيم الجنة وظلالها الوارفة، أو ظلال العذاب في النار.

الخصائص اللغوية للظل

١. الجمع والتصريف:
* الظل: مفرده.
* الظلال: جمع.
* الفيء: يُستخدم في بعض الأحيان للإشارة إلى الظل، خاصة بعد الزوال.

٢. التشابك مع الضوء: الظل لغةً يرتبط وجوده بغياب أو حجب الضوء. لذا فإن كل تعريفات الظل تتطلب ضمنيًا الحديث عن مصدر الإضاءة والجسم الحاجب.

تطبيق الظل في التراث العربي

في الثقافة العربية والإسلامية، حظي الظل بمكانة بارزة. العرب في البيئة الصحراوية كانوا ينظرون إلى الظل كرمز للراحة والسكينة، نظرًا لقسوة المناخ وشدة الشمس. وظهر الظل في الشعر العربي الكلاسيكي كثيرًا:

- قال امرؤ القيس:

وقد أغتدي والطير في وكناتها
بمنجرد قيد الأوابد هيكل
له ظلٌّ عالٍ كأن ذراه
ذرى الشمس، أو كتف الملك الأشهل

في هذا البيت، يتغنى الشاعر بالظلّ العالي الذي يبعث شعورًا بالهيبة والعظمة.

الظل في المفهوم الديني

الظل في النصوص الدينية الإسلامية يُشير إلى أبعاد روحانية تتجاوز المعنى الفيزيائي. وقد ورد ذكر الظل في العديد من المواضع القرآنية:

- في وصف الجنة:

إِنَّ الْمُتَّقِينَ فِي ظِلَالٍ وَعُيُونٍ سورة المرسلات: ٤١

- وفي وصف النار:

انطَلِقُوا إِلَى ظِلٍّ ذِي ثَلَاثِ شُعَبٍ. لَا ظَلِيلٍ وَلَا يُغْنِي مِنَ اللَّهَبِ سورة المرسلات: ٣٠-٣١.

هذه الاستخدامات تبرز التباين بين الظل كرمز للراحة والنعيم في الجنة، وكأداة للعذاب في النار، مما يعكس غنى المفهوم القرآني للظل.

استنتاج

تعريف الظل في اللغة يتراوح بين الدلالات الحسية التي تعبر عن الظاهرة الفيزيائية الملموسة، والدلالات المجازية التي تشمل الرعاية، الحماية، الفناء، وحتى الرمزية الروحانية. هذا التنوع يجعل الظل موضوعًا غنيًا للدراسة من الجوانب اللغوية، الفلسفية، والدينية، وهو ما سيُستكمل في الفصول القادمة لفهم هذه الظاهرة من جوانبها العلمية والقرآنية.

مكانة الظل في الحياة اليومية والطبيعة.

الظل هو ظاهرة تتكرر بشكل يومي في حياتنا الطبيعية، وله مكانة خاصة في حياتنا اليومية وتفاعلنا مع البيئة من حولنا. فهو ليس مجرد غياب للضوء أو ظاهرة بصرية عابرة، بل هو عنصر يتفاعل مع الضوء والبيئة المحيطة بنا بشكل معقد، ويؤثر في تصوراتنا للمساحات والأشياء. في حياتنا اليومية، نجد أن الظل يلعب دورًا مهمًا في تنظيم الأنشطة اليومية، من تأثيره على درجات الحرارة إلى دوره في تحديد الوقت وحتى تكوين الجو العام للمكان.

أولاً، الظل له تأثير مباشر على بيئتنا وعلى شعورنا بالراحة أو عدمها. على سبيل المثال، في الأيام الحارة، تعتبر الظلال ملجأ مهمًا من حرارة الشمس، حيث توفر مناطق باردة يمكن للإنسان أن يختبئ فيها من أشعة الشمس المباشرة. إذا كنت في الهواء الطلق في يوم صيفي، فإن البحث عن الظل يعني أنك تبحث عن راحة مؤقتة من الحرارة، ويُعدّ الظل بمثابة ملاذ طبيعي يحمي من مخاطر التعرض المفرط لأشعة الشمس التي قد تتسبب في الإجهاد الحراري أو الحروق. يخلق الظل بيئة مختلفة تمامًا عما هو موجود في الضوء الساطع، حيث يمكن أن يحسن الراحة البدنية للإنسان، كما يسهم في الحفاظ على التوازن البيئي من خلال تقليل تبخر المياه وزيادة الرطوبة في المناطق المظللة.

من ناحية أخرى، الظل له دور كبير في تنظيم الوقت وتحديد الاتجاهات، خصوصًا عندما يتعلق الأمر بمراقبة حركة الشمس. قد تكون الظلال هي وسيلة الإنسان الأولى لتحديد الوقت قبل اختراع الساعات. في العصور القديمة، كان الأشخاص يعتمدون على الظلال الناتجة عن الشمس لمعرفة الوقت، حيث أن الظل الذي يتشكل على سطح الأرض يختلف طوله وشكله حسب الموقع الجغرافي للإنسان ووقت النهار. حتى اليوم، ما زال العديد من الناس في بعض الثقافات يستخدمون الظلال لتحديد الوقت عبر الأساليب القديمة مثل استخدام الساعة الشمسية. كما أن الظل يوفر دلالة واضحة على حركة الشمس وتغير مواقعها في السماء خلال اليوم، مما يساعد الإنسان على تقدير الوقت بدقة، ويعكس علاقة وثيقة بين الظل والزمن في الثقافة الإنسانية.

الظل أيضًا له تأثيرات بيئية واضحة في الحياة الطبيعية. في الغابات والأشجار، على سبيل المثال، تلعب الظلال دورًا هامًا في تكوين البيئة المحلية للنباتات والحيوانات. الأشجار الكبيرة توفر الظل للنباتات التي تحتاج إلى حماية من أشعة الشمس المباشرة، مما يساعد في خلق بيئات معيشية مريحة للعديد من الكائنات الحية. يُعدّ الظل الذي توفره الأشجار جزءًا من النظام البيئي الذي يحافظ على الرطوبة ويعزز من التنوع البيولوجي. النباتات التي تنمو في الظل تكون غالبًا أكثر مرونة في مواجهة تقلبات الطقس، كما أن الظل يساعد في الحفاظ على

التربة من الجفاف. الحيوانات أيضًا تتخذ من الظل مأوى لها في الأيام الحارة، فهو يوفر لها مكانًا آمنًا للبقاء بعيدًا عن المخاطر مثل الحيوانات المفترسة أو أشعة الشمس الحارقة.

على مستوى أعمق، يمكن للظل أن يكون له تأثيرات جمالية ورمزية في الثقافة والفن. في الفنون التشكيلية والسينما، يستخدم الفنانون والمخرجون الظل لإيصال رسائل معينة أو خلق جو من التوتر والدرامية. في التصوير السينمائي، على سبيل المثال، يستخدم الضوء والظل لخلق تأثيرات بصرية معقدة، حيث قد يشير الظل إلى الغموض أو الشر أو يضيف طبقات من التعقيد العاطفي. قد يعكس الظل في العمل الفني الصراع الداخلي أو يمكن أن يكون رمزًا لوجود شيء غير مرئي أو خفي في حياة الشخصيات. في الأدب، قد يستخدم الكتاب الظلال كرمزية للجانب المظلم من الحياة أو لاستكشاف مفاهيم مثل الشك، الموت، أو الخوف من المجهول.

علاوة على ذلك، يُعتبر الظل من العناصر الطبيعية التي تُستخدم بشكل واسع في الأدوات المعمارية. على سبيل المثال، في تصميم المباني، يتم أخذ الظل بعين الاعتبار لتحقيق التوازن بين الضوء والظلال داخل الفضاءات الداخلية. من خلال مراعاة الظل، يمكن للمهندسين المعماريين تحسين الإضاءة الطبيعية داخل المباني وجعل المساحات أكثر راحة. كما أن الظل يساعد في الحفاظ على حرارة المبنى في الفصول الحارة والباردة على حد سواء، مما يسهم في توفير الطاقة. في بعض الثقافات، مثل الثقافة العربية التقليدية في المناطق الصحراوية، يُستخدم الظل في تصميم النوافذ والمصابيح بحيث تسمح بمرور الهواء البارد وتقلل من تأثير الحرارة الشديدة في الداخل.

أما في الحياة اليومية الحديثة، فإن الظل يكتسب مكانة مهمة في التخطيط الحضري. فعند بناء الحدائق أو الشوارع، يتم الاهتمام بتوزيع الأشجار والمباني بطريقة تحسن من توزيع الظلال. ففي الأماكن العامة مثل الحدائق والشوارع المزدحمة، يمكن للظل أن يكون جزءًا من استراتيجيات التصميم التي تعزز من راحة السكان والزوار. قد يؤدي توزيع الظلال بشكل مناسب إلى زيادة التنقلية والحيوية في الأماكن العامة ويشجع على الأنشطة في الهواء الطلق، مما يُحسن نوعية الحياة في المجتمعات.

إجمالًا، فإن الظل يتجاوز كونه مجرد ظاهرة بصرية ناتجة عن حجب الضوء. فهو عنصر يؤثر في حياتنا بشكل يومي من خلال تأثيره في درجات الحرارة، تنظيم الوقت، وتحقيق الراحة البيئية، كما أنه له دور رمزي وجمالي في الفنون والثقافة. الظل، في تكوينه وطبيعته، يعتبر جزءًا أساسيًا من تجربة الإنسان مع

الطبيعة والعالم المحيط به، وتُعدّ دراسة تأثيراته وفهمه أمرًا بالغ الأهمية في فهم العلاقات المعقدة بين الضوء والظلام.

أسئلة فلسفية وعلمية حول ماهية الظل.

الظل، في جوهره، هو ظاهرة بصرية تنشأ عندما يعترض جسم ما مسار الضوء، مما يؤدي إلى حدوث منطقة مظلمة خلف الجسم. ولكن على الرغم من بساطة الظاهرة، إلا أن ماهيته تثير العديد من الأسئلة الفلسفية والعلمية التي يمكن أن تأخذنا إلى تساؤلات عميقة حول الطبيعة والوجود. تلك الأسئلة تتراوح بين محاولات تفسير الظل من منظور علمي إلى تفكير فلسفي حول دور الظل في فهم الواقع والطبيعة.

من الناحية العلمية، يعتبر الظل نتيجة لحجب الضوء، وهو يرتبط ارتباطًا وثيقًا بالمفاهيم الفيزيائية مثل انكسار الضوء، الانعكاس، والشفافية. لكن السؤال الذي يطرح نفسه هنا هو: ما الذي يجعل للظل وجودًا ماديًا في عالمنا؟ هل هو مجرد غياب الضوء، أم أنه له وجود فيزيائي خاص به؟ في الفيزياء، يتم تفسير الظل على أنه غياب الضوء في منطقة معينة بسبب حجب جسم ما له، لكن هذا يثير تساؤلات إضافية: هل غياب الضوء يعني غياب المادة أو الطاقة؟ هل يمكننا أن نعتبر الظل نوعًا من "المادة المفقودة" التي لا تتشكل إلا بسبب تدخل الأجسام في مسار الضوء؟

تعتبر الأسئلة الفلسفية حول الظل جزءًا من التفكر في الكيفية التي يتفاعل بها الضوء مع العالم المادي وكيف تتشكل الظلال بناءً على هذه التفاعلات. مثلا، في الفلسفة القديمة، كان البعض يعتقد أن الظل هو مجرد وهم أو خيال ناتج عن غياب الضوء، بينما كان آخرون يرون أن الظل هو انعكاس للواقع المادي ولكنه يشير إلى شيء غير كامل أو غير حقيقي. في فلسفة أفلاطون، على سبيل المثال، كان يُنظر إلى الظلال على أنها تمثل العالم الحسي الذي نعيش فيه، وهو عالم ناقص ومشوه مقارنة بالعالم المثالي الذي لا نراه إلا من خلال العقل والفكر. وفي هذا السياق، يُعتبر الظل ليس مجرد غياب للضوء، بل هو نوع من التفسير الرمزي للواقع الذي نعيش فيه. يتساءل الفلاسفة: هل الظل يعكس الحقيقة، أم أنه مجرد تلاعب في perception العقل؟

تتمثل إحدى أبرز الأسئلة الفلسفية في العلاقة بين الظل والوجود. هل الظل يمثل وجودًا حقيقيًا أم أنه مجرد نتيجة للغياب أو الحجب؟ في الفلسفة الإسلامية، قد نجد تفسيرات مشابهة لتفسير الظل على أنه جزء من مظاهر الطبيعة التي يخلقها الله ليعكس جوانب من الحقيقة التي لا يستطيع الإنسان إدراكها بشكل كامل. فهل الظل، في هذه الرؤية، هو تجسيد جزئي لشيء أكبر أو عميق؟ وهل

يمكن أن يكون جزءًا من حقيقة لا يمكننا رؤيتها بالكامل؟ هذا التفسير يطرح تساؤلات فلسفية حول العلاقة بين المظاهر والواقع الكلي.

من الناحية العلمية، السؤال الذي يطرحه العديد من العلماء يتعلق بوجود الظل بشكل مستقل عن الضوء. هل للظل خصائص فيزيائية خاصة به، أم أنه مجرد نتاج تفاعل الضوء مع الأجسام؟ على سبيل المثال، يتعامل العلماء مع الظل باعتباره سمة بصرية ناتجة عن ظاهرة فيزيائية هي انتقال الضوء عبر الفضاء. لكن من المثير للاهتمام كيف أن بعض الأجسام يمكن أن تخلق ظلالًا لا تكون ثابتة بل تتغير مع مرور الوقت. هذا التغير يُظهر أن الظل ليس ثابتًا بل يتأثر بعدد من العوامل مثل حركة المصدر الضوئي، الأجسام المحيطة، وخصائص المواد التي تصنع الجسم الذي يخلق الظل.

إحدى الأسئلة التي تثير النقاش أيضًا هي: هل يمكن أن يكون للظل "حياة" خاصة به؟ هذا السؤال يمكن أن يكون مستعارًا من الأساطير والقصص القديمة التي صوَّرت الظل ككائن حي له إرادة أو حتى شخصية مستقلة. هل يكون للظل قدرة على التفاعل مع البيئة أو مع الأشخاص الذين يتواجدون في نطاقه؟ في بعض القصص الأدبية، كان الظل يُنظر إليه ككيان مستقل له تأثيرات على الشخصيات، مثل الظلال التي تنبعث من الشخصيات الخيالية في الأساطير الشعبية. على الرغم من أن هذا السؤال قد يبدو غريبًا، فإنه يعكس إحدى جوانب الاستفسار الفلسفي: هل يمكن للظلال أن تعكس جزءًا من شخصياتنا أو جزءًا من تجاربنا الذاتية؟

أحد الأسئلة العلمية التي يمكن أن تُطرح في هذا السياق هو: هل يتأثر الظل بنفس العوامل التي تؤثر على الضوء نفسه؟ على سبيل المثال، إذا كان الظل يتكون نتيجة لحجب الضوء، فإن السؤال الذي قد يظهر هو: هل يمكن أن يتشكل الظل في بيئات لا تحتوي على الضوء؟ هل يمكن أن يُخلق ظل في الأماكن المظلمة؟ هذا السؤال يفتح مجالًا للاستكشاف في فهم ماهية الظل بشكل أعمق في مختلف الظروف.

وفي نهاية المطاف، يعتبر الظل على الرغم من بساطته في الظاهر، موضوعًا غنيًا للاستكشاف من عدة جوانب فلسفية وعلمية. من التفكير في ماهية الظل كغياب للوجود إلى محاولات فهمه ككائن مستقل أو ظاهرة فيزيائية تتفاعل مع المحيط، تبقى الأسئلة حول الظل ذات طابع غامض ومعقد. هذه التساؤلات تسهم في إضفاء بُعد جديد لظاهرة الظل، سواء من الناحية العلمية التي تفسرها كغائبة للضوء أو من خلال التأملات الفلسفية التي تراها بمثابة إشارة إلى الحقائق الخفية أو العوالم المتوازية.

الفصل الثاني: الظل في الفيزياء

تعريف الظل من الناحية العلمية.

الظل هو الظاهرة الناتجة عن حجب الضوء بواسطة جسم ما، حيث يُمنع الضوء من الوصول إلى منطقة معينة، مما يؤدي إلى ظهور مساحة مظلمة خلف الجسم الذي يعترض مسار الأشعة الضوئية. تُعتبر هذه الظاهرة من أبرز الظواهر الفيزيائية التي تحدث بسبب التفاعل بين الضوء والأجسام المختلفة التي تعترضه. يمكننا فهم الظل بشكل دقيق إذا تطرقنا إلى خصائص الضوء وتفاعله مع الأجسام وبيان تأثير العوامل المختلفة التي تتداخل في تشكيل الظل.

عند دراسة الظل من الناحية العلمية، نلاحظ أنه يتأثر بعدد من العوامل الفيزيائية مثل: خصائص الضوء، زاوية سقوطه، خصائص الجسم الذي يعترضه، وبعده عن المصدر الضوئي. على سبيل المثال، عندما يمر شعاع ضوء عبر وسط معين، مثل الهواء أو الماء، فإنه يسلك مسارًا معينًا حتى يصطدم بجسم ما. في هذه اللحظة، يعتمد ما سيحدث بعد اصطدام الشعاع على طبيعة هذا الجسم: إذا كان الجسم غير شفاف، سيتم حجب الأشعة الضوئية بشكل كامل، مما يتسبب في تكوين "الظل الكامل" خلف الجسم. وإذا كان الجسم شفافًا جزئيًا، مثل الزجاج أو بعض المواد البلاستيكية، فإن الضوء يمر عبره جزئيًا، مما يؤدي إلى حدوث " الظل الجزئي" أو ما يسمى بـــ " البينومبرا"، وهو منطقة مشوهة أو غير مظلمة بالكامل.

الضوء وتأثيره في تشكيل الظل

الضوء هو العنصر الأساسي في تكوين الظلال، حيث يتطلب الظل وجود مصدر ضوء يسقط على جسم ما ويعترضه. إذا كان مصدر الضوء صغيرًا، مثل المصباح اليدوي أو أي ضوء آخر ذو حجم صغير، فإن الظل الناتج يكون حادًا وواضحًا، حيث أن الأشعة الضوئية المتعددة التي تنتشر من المصدر تتجمع خلف الجسم بشكل دقيق، مما ينتج عنه حافة واضحة للظل. أما إذا كان مصدر الضوء أكبر، مثل الشمس أو مصباح ضوء كبير، فإن الأشعة الضوئية تنتشر بشكل أكبر، ويصعب تحديد الحافة الحادة للظل، وبالتالي تظهر الظلال بشكل أكثر تشتتًا أو نعومة.

الظل الكامل والظل الجزئي

في إطار الفيزياء، يتم تقسيم الظل إلى نوعين رئيسيين: الظل الكامل والظل الجزئي. الظل الكامل هو المنطقة التي لا يصل إليها أي شعاع ضوء مباشرة من

المصدر الضوئي. إذا نظرنا إلى الظل الناتج عن جسم يعترض ضوء الشمس في وضـــح النهار، ســنجد أن المنطقة وراء هذا الجسـم تكون مظلمة تمامًا إذا كان الجسم يحجب الضوء بشكل كامل، وهذه المنطقة تُسمى الظل الكامل.

أما في حالة وجود منطقة يحجب فيها الجسـم جزءًا فقط من الضـوء، ويصـل بعض الضـوء إلى المنطقة خلف الجسـم، فهذه المنطقة تُسـمى الظل الجزئي أو البينومبرا. الظل الجزئي يظهر عندما يمر الضـوء عبر جزء من الجسـم الذي يعترضـه، ويحدث هذا بـسبب أن مصـدر الضـوء غير نقطي كما هو الحال مع الشمس وبالتالي يحدث تشتت في الأشـعة الضوئية حول الجسم، مما يؤدي إلى تدرج الظل في المنطقة المحيطة.

تأثير الانكسار والانعكاس على الظل

الانكسار والانعكاس هما ظاهرتان فيزيائيتان تؤثران بشكل مباشر في تشكيل الظل، حيث يعد الانكسـار من أهم العوامل التي تؤدي إلى تشـويه أو تغيير مسـار الأشعة الضوئية. الانكسار يحدث عندما يمر شعاع الضوء عبر وسطين مختلفين في الكثـافة مثل انتقالـه من الهواء إلى المـاء أو من الزجـاج إلى الهواء، فينحني الشـعاع عند السـطح الفاصل بين الوسطين. وهذا التغيير في اتجاه الشـعاع يؤثر على شكل الظل بحيث قد يختلف موقعه أو حجمه.

مثال على تأثير الانكسار في الظل هو عندما يدخل الضوء من الهواء إلى الماء أو من الزجاج إلى الهواء، حيث يغير الضـوء زاويته ويؤدي إلى انكسار الشـعاع وتغير الشـــكل المعتاد للظل. في بعض الحالات، يؤدي الانكسـار إلى حدوث تأثيرات بصـرية فريدة مثل تغيير ملامح الأجسـام في المياه أو على الأسـطح الزجاجية، مما يؤثر في دقة الظل المرسوم.

أما بالنسبة للانعكاس، فإنه يشير إلى ارتداد الشعاع الضوئي عن سطح معين. على سبيل المثال، عندما يرتد الضـوء عن سطح عاكس مثل مرآة أو ماء هادئ، يتم تغيير مسـار الشـعاع بحيث يؤدي ذلك إلى تغيير في المكان الذي يُسقط فيه الضـوء على السـطح، وبالتالي يتأثر شكل الظل الناتج. في بعض الحالات، يؤدي الانعكاس إلى تداخل ظلال متعددة، حيث يمكن أن يخلق الـسطح العاكس ظلالًا جديدة في اتجاهات مختلفة، مما يعقد شكل الظل الذي يتم تكوينه.

أمثلة تطبيقية على الظل

نستطيع أن نرى الظل بشكل واضح في حياتنا اليومية، ومن أمثلة ذلك تأثير الشـمس على الأرض. في الصـباح الباكر وعند الغروب، يكون الشـعاع الضوئي للشـمس مـائلاً، ممـا يؤدي إلى تكوين ظلال طويلـة وكثيفـة على الأرض. في

الظهيرة، عندما تكون الشمس في أقصى ارتفاع لها، تكون الظلال قصيرة للغاية. هذه الظلال تتغير باستمرار طوال اليوم، مما يعكس حركة الشمس بالنسبة للأرض.

مثال آخر على تأثير الضوء الصناعي هو في المسرح أو التصوير السينمائي، حيث يستخدم المخرجون تقنيات الضوء لإنشاء ظلال معينة لإيصال رسالة بصرية أو خلق جو خاص. على سبيل المثال، في المسرح، قد يتم استخدام الضوء الحاد لتسليط الضوء على جزء من المسرح بينما تُترك باقي المنطقة مظلمة، مما يخلق تأثير الظل بشكل متعمد لزيادة التركيز على شيء معين أو لإحداث تأثير درامي.

بالمثل، في التصميم الداخلي، قد يتم استخدام الضوء الصناعي لإلقاء ظلال خاصة على الجدران أو الأسطح لإبراز تفاصيل معينة أو لإخفاء عيوب. في هذه الحالات، يُستخدم الضوء الموجه بعناية من مصادر ضوء مختلفة لخلق تأثيرات بصرية معقدة تؤثر في الظلال.

الخلاصة

الظل هو ظاهرة فيزيائية تتشكل عندما يُحجب الضوء بواسطة جسم ما. يشمل الظل الكامل والظل الجزئي، ويعتمد على خصائص الضوء وزاويته ومصدره. كما أن الانكسار والانعكاس يلعبان دورًا كبيرًا في تغيير مسار الضوء وتشكيل الظلال. من خلال دراسة الظل، نتمكن من فهم العديد من الظواهر الفيزيائية في الحياة اليومية، حيث أن الضوء والعتمة والانكسار والانعكاس تتفاعل معًا بشكل معقد لتشكل الظلال في العالم من حولنا.

الخصائص الفيزيائية للظل: الضوء، العتمة، الانكسار والانعكاس.

الظل هو نتيجة لتفاعل الضوء مع الأجسام المادية، وتعتبر خصائصه الفيزيائية مثل الضوء، والعتمة، والانكسار، والانعكاس من العوامل الأساسية التي تحدد شكله وحجمه ودقة وضوحه. في هذا السياق، سنعرض بشكل مفصل كيف يؤثر كل من هذه العوامل في تكوين الظل وكيفية فهم آلية عملها من منظور فيزيائي.

الضوء ودوره في تكوين الظل

الضوء هو العامل الأساسي الذي يساهم في تشكيل الظلال. بدون ضوء، لا يمكن أن يوجد ظل، لأنه يتطلب وجود مصدر ضوء يسقط على جسم ما ويعترضه ليُنتج المنطقة المظلمة التي نراها على الأرض أو على السطح المحيط.

تكمن الطبيعة الفيزيائية للظل في خصائص الضوء ذاته، مثل شدته واتجاهه وحجمه. عندما يمر الضوء عبر وسط غير شفاف أو شفاف جزئيًا، فإنه يُحجب جزئيًا أو كليًا، مما يؤدي إلى تكوين منطقة مظلمة خلف الجسم، وهي ما يُسمى بالظل. كما أن خصائص مصدر الضوء نفسه تؤثر بشكل كبير على شكل الظل؛ فعلى سبيل المثال، إذا كان المصدر الضوئي صغير الحجم مثل مصباح يدوي، سيظهر الظل حادًا ولديه حواف واضحة جدًا. أما إذا كان المصدر أكبر، كالشمس أو مصباح كبير، فإن الظل يكون أكثر تشتتًا وتنعيمًا.

العتمة وتأثيرها في الظل

العتمة أو الظلام هي الجزء المظلم الناتج عن حجب الضوء بواسطة الجسم. تُعتبر العتمة من الخصائص الفيزيائية الجوهرية للظل، حيث يتشكل الظل عندما يحجب الجسم الأشعة الضوئية عن المنطقة التي يتواجد فيها. في الفيزياء، يُسمى الجزء المظلم الناتج عن الحجب التام للضوء بالـ "الظل الكامل"، وهو المنطقة التي لا تصلها أي أشعة ضوء من المصدر الضوئي. أما الجزء المحيط بالظل الكامل والذي يصل إليه جزء من الضوء المنكسر أو المتشتت، فيُسمى "الظل الجزئي" أو "البينومبرا"، وهو أقل شدة في الظلام مقارنة بالظل الكامل. العلاقة بين الضوء والعتمة مهمة لفهم مدى وضوح الظل وحجمه، حيث أن الظل الكامل يتسبب في عتمة شديدة خلف الجسم، بينما الظل الجزئي يكون أقل تعتيمًا بسبب وصول الضوء المتناثر إلى المنطقة المظلمة.

الانكسار ودوره في تأثير الضوء على الظل

الانكسار هو ظاهرة فيزيائية تحدث عندما يمر شعاع الضوء من وسط إلى وسط آخر ذو كثافة ضوئية مختلفة، مثل انتقاله من الهواء إلى الماء أو من الزجاج إلى الهواء. عند حدوث الانكسار، ينحني شعاع الضوء وتختلف زاويته عن زاويته الأصلية، مما يؤدي إلى تغير في مسار الضوء. هذا الانكسار يؤثر على تكوين الظل بشكل مباشر، حيث يمكن أن يغير موقع الظل أو حتى شكله في بعض الحالات. على سبيل المثال، إذا كانت هناك طبقة من الماء أو مادة شفافة بين مصدر الضوء والجسم، فإن الأشعة الضوئية ستنكسر حول الجسم بشكل مختلف عن الأشعة التي تمر عبر الهواء فقط، مما يؤدي إلى أن الظل سيكون مشوشًا أو مائلًا. قد يؤدي الانكسار إلى ظهور ظلال غير واضحة أو مشوهة عندما يتغير اتجاه الأشعة الضوئية بسبب انتقالها عبر وسط آخر. هذا التأثير يمكن ملاحظته في العديد من الظواهر الطبيعية مثل ظهور الأجسام في الماء أو تأثيرات الضوء في الزجاج.

الانعكاس وتأثيره في تكوين الظل

الانعكاس هو الظاهرة التي تحدث عندما يرتد الشعاع الضوئي عن سطح جسم عاكس دون أن يتغير في طاقته، ويؤدي إلى تغيير في اتجاهه. هذه الظاهرة تؤثر أيضًا في تكوين الظلال. عندما يسقط الضوء على سطح عاكس مثل المرآة أو سطح مائي هادئ، يُمكن أن ينعكس الضوء في اتجاهات جديدة، مما يغير المسار الذي يسلكه الضوء. إذا كان الجسم يعكس جزءًا من الضوء، فإن الظل الذي يتشكل سيكون أضعف وأكثر تشتتًا في الأماكن التي يتم فيها الانعكاس، مما يؤدي إلى ظهور مناطق مشوشة أو فاتحة في الظل. على سبيل المثال، عندما ينعكس الضوء من سطح مائي أو زجاجي على الجسم، قد يتغير شكل الظل على الجدران أو الأرض. كما يمكن للانعكاس أن يخلق ظلالًا إضافية في الاتجاه المعاكس لمصدر الضوء بسبب تشتت الضوء عن الجسم العاكس.

الانعكاس، مثل الانكسار، يساهم في تشكيل الظل بشكل معقد من خلال تعديل المسار الذي يسلكه الضوء. يمكن أن يؤدي إلى إنشاء ظلال متعددة أو تغييرات في وضوح الظل حسب اتجاه الانعكاس وخصائص السطح العاكس. في بعض الحالات، يُمكن للانعكاسات أن تُصعب تحديد شكل الظل أو تتسبب في تداخل الظلال المترتبة على مصادر ضوء متعددة. على سبيل المثال، في المسارح أو في البيئات الصناعية حيث يوجد العديد من الأسطح العاكسة، قد تظهر الظلال بشكل متداخل أو مشوه نتيجة للانعكاسات المتعددة التي تحدث.

الخلاصة

يُعتبر الضوء والعتمة والانكسار والانعكاس من الخصائص الفيزيائية الأساسية التي تحدد طبيعة الظل وتشكيله. الضوء هو العامل الأساسي الذي يؤدي إلى تكوين الظلال، بينما تساهم العتمة في تشكيل المناطق المظلمة خلف الأجسام. الانكسار يعمل على تعديل مسار الضوء وتغيير شكل الظل، بينما يمكن للانعكاس أن يغير من اتجاه الضوء ويؤثر في دقة الظل. هذه الخصائص تساهم في فهم الظل كظاهرة فيزيائية معقدة، حيث يتفاعل الضوء مع الأجسام والبيئة المحيطة به لتكوين الظلال بطرق متعددة.

دور الشمس والضوء الصناعي في تكوين الظل.

يُعتبر الظل ظاهرة فيزيائية أساسية في حياة الإنسان، حيث تتشكل الظلال نتيجة تفاعل الضوء مع الأجسام العاكسة أو الحاجبة له. يعتبر كل من الشمس والضوء الصناعي من أبرز المصادر التي تُنتج الظلال، لكن دور كل منهما يختلف بناءً على خصائص الضوء الصادر عنه، وكذلك الظروف المحيطة مثل

المسافة، وزوايا سقوط الضوء. الشمس هي المصدر الطبيعي الأساسي للضوء الذي يخلق الظلال على سطح الأرض، بينما يتيح الضوء الصناعي للإنسان القدرة على التحكم في الظلال وتوجيهها وفقًا لاحتياجاته.

دور الشمس في تكوين الظل

تُعتبر الشمس المصدر الطبيعي الأهم للضوء على كوكب الأرض، وتُسهم بشكل أساسي في تكوين الظلال بفضل موقعها المتغير في السماء طوال اليوم. يتغير شكل الظل وحجمه بشكل ملحوظ تبعًا لزاوية سقوط الضوء من الشمس، مما يخلق تأثيرات بصرية فريدة تميز الظلال الناتجة عن هذا المصدر. في البداية، يلاحظ أن الظل الناتج عن الشمس يكون طويلاً جدًا في فترات الشروق والغروب بسبب زاوية سقوط الأشعة المائلة، حيث تغطي أشعة الشمس مسافات كبيرة قبل أن تصل إلى سطح الأرض، مما ينتج عنه ظلال طويلة وكثيفة. ومع تقدم النهار، عندما تقترب الشمس من الظهيرة وتصبح فوق رأس المشاهد بزاوية عمودية تقريبًا، تصبح الظلال أقصر وأقل وضوحًا، وفي بعض المناطق الاستوائية، قد تختفي الظلال بشكل شبه كامل نتيجة لسقوط أشعة الشمس مباشرة على الأرض. هذه التغيرات في طول الظل تعكس تأثير حركة الأرض حول الشمس ودورانها حول محورها، حيث يعتمد طول الظل على المسافة بين موقع الجسم والشمس وكذلك الزاوية التي يسقط بها الضوء.

أحد الجوانب المميزة للظلال الناتجة عن الشمس هو تعدد درجات التظليل التي يتضمنها الظل. عند تساقط الضوء بشكل عمودي، يشكل الجسم الذي يقف في وجه الضوء منطقة مظلمة تُسمى الظل الكامل، بينما يُحيط بالظل الكامل منطقة شبه مظللة تُسمى الظل الجزئي أو البينومبرا. هذا التدرج في الظل يبرز طبيعة الضوء الساقط من الشمس باعتباره مصدرًا واسعًا للضوء، مما يجعل له تأثيرات متدرجة على الأجسام التي تعترضه. هذا التوزيع للضوء والظلال يمكن ملاحظته بسهولة في الفضاء المفتوح مثل الحدائق أو الصحارى، حيث تظهر الظلال بشكل واضح وتتغير مع حركة الشمس.

دور الضوء الصناعي في تكوين الظل

على الرغم من أن الشمس تظل المصدر الطبيعي الأساسي للضوء، فإن الضوء الصناعي له دور متزايد في تكوين الظلال في الحياة اليومية. الضوء الصناعي يتميز بإمكانية التحكم فيه من حيث النوع والشدة والاتجاه، مما يسمح للإنسان بإنشاء ظلال مخصصة وفقًا لاحتياجاته. الضوء الصناعي يتنوع بين العديد من الأنواع مثل المصابيح الكهربائية العادية، والمصابيح الفلورية،

والمصابيح التي تعمل بتقنية LED، وكل منها يختلف في خصائصه ودرجة تأثيره على تكوين الظل. في الأماكن المغلقة، يُستخدم الضوء الصناعي لتشكيل ظلال دقيقة وواضحة في التصميم الداخلي، بينما يتم استخدامه في السينما والمسرح لخلق تأثيرات بصرية مثيرة من خلال التحكم في الظلال بشكل متعمد.

تختلف الظلال الناتجة عن الضوء الصناعي بشكل ملحوظ عن تلك الناتجة عن الشمس من حيث الحدة والنعومة. على سبيل المثال، إذا تم استخدام مصدر ضوء صغير مثل مصباح يدوي، ستكون الظلال الناتجة حادة وواضحة، حيث لا يوجد تشتت كبير في الضوء. أما إذا تم استخدام مصدر ضوء أكبر أو متعدد، مثل إضاءة الغرف أو الإضاءة في المسارح، فإن الظلال تصبح أكثر نعومة مع تدرجات في الحواف بسبب التشتت الكبير للضوء. كما أن المسافة بين مصدر الضوء والجسم تلعب دورًا كبيرًا في تحديد حجم الظل، حيث كلما اقترب المصدر الضوئي من الجسم، أصبح الظل أكبر وأوضح.

الضوء الصناعي أيضًا يتيح إمكانية تكوين ظلال متعددة من خلال وجود أكثر من مصدر ضوء في نفس المكان. في هذه الحالة، تتداخل الظلال التي تُنتجها المصادر المختلفة، مما يؤدي إلى ظهور ظلال متعددة أو حتى تأثيرات بصرية مبتكرة مثل الظلال المشوشة أو المتداخلة. هذا يُستخدم بشكل خاص في تقنيات الإضاءة المسرحية والسينمائية حيث يُراد خلق جو درامي أو مميز يعتمد على التفاعل بين الأضواء والظلال.

مقارنة بين الشمس والضوء الصناعي في تكوين الظل

بينما تظل الشمس المصدر الأساسي الذي يخلق الظلال الطبيعية في البيئة، فإن الضوء الصناعي يمنح البشر القدرة على التحكم في الظلال بشكل متقن ودقيق. الشمس تقدم ظلالًا تتغير طوال اليوم بناءً على حركة الأرض حولها، مما يعكس التغيرات في البيئة الطبيعية بشكل دائم. في المقابل، الضوء الصناعي يسمح بخلق ظلال ثابتة يمكن تغييرها بسهولة بما يتناسب مع متطلبات المكان أو العمل الفني. الشمس تجعل الظلال تبدو أكثر طبيعية ومتغيرة، بينما يمكن للضوء الصناعي أن يوفر تأثيرات ثابتة أو محددة بدقة من خلال تحكم الإنسان في ظروف الإضاءة.

من خلال هذه الاختلافات، نرى أن الشمس والضوء الصناعي يلعبان دورًا مكملًا في تكوين الظلال. الشمس تساهم في الظلال التي تُشكل البيئة الطبيعية، بينما يوفر الضوء الصناعي للأفراد أدوات مرنة لإعادة تشكيل الظلال بما يتناسب مع احتياجاتهم في مجالات متعددة مثل الفن والتصميم والإضاءة.

تجارب علمية حول الظل.

تُعد الظلال ظاهرة فيزيائية يمكن دراستها باستخدام تجارب علمية بسيطة تعكس كيفية تأثير الضوء على الأجسام. من خلال هذه التجارب، يمكن فهم خصائص الظل بشكل أعمق، بالإضافة إلى اكتشاف كيفية تفاعل الضوء مع الأجسام والظروف المحيطة. في هذا السياق، نقدم بعض التجارب العلمية التي تساهم في توضيح خصائص الظل ودوره في الظواهر الفيزيائية.

تجربة تكوين الظل باستخدام مصدر ضوء ثابت

تُعد هذه التجربة واحدة من أبسط التجارب التي يمكن إجراؤها لفهم تكوين الظلال. تتطلب هذه التجربة مصدر ضوء ثابت، مثل مصباح كهربائي صغير، وجسم غير شفاف مثل كرة أو كتاب. عندما يتم توجيه ضوء المصباح إلى الجسم، يتشكل ظل خلفه. يلاحظ الطلاب أو المشاركون في التجربة أن طول الظل يعتمد على المسافة بين مصدر الضوء والجسم. كلما كان الجسم أقرب إلى المصدر الضوئي، كلما كان الظل أكبر وأوضح. كما أن الزاوية التي يسقط بها الضوء تؤثر أيضًا في حجم الظل. في حال كان الضوء مائلًا أو قريبًا من الجسم، يصبح الظل أطول وأكثر تشويشًا. أما إذا كان المصدر الضوئي بعيدًا أو عموديًا على الجسم، فيظهر الظل أقصر وأوضح. من خلال هذه التجربة، يتمكن الأفراد من فهم العلاقة بين المسافة بين المصدر الضوئي والجسم وكيفية تأثير هذه المسافة في حجم الظل.

تجربة الظل الجزئي والظل الكامل

تعد هذه التجربة ذات أهمية خاصة لفهم أنواع الظلال. في هذه التجربة، يتم استخدام مصدر ضوء واحد مع جسم غير شفاف، مثل كرة صغيرة. عندما يتم وضع الجسم في خط مباشر بين المصدر الضوئي وجدار أبيض، يظهر الظل على الجدار. يمكن ملاحظة أن هذا الظل يتكون من جزئين: الظل الكامل Umbra والظل الجزئي Penumbra. يُعرف الظل الكامل بالمنطقة التي يتم فيها حجب الضوء بالكامل عن الجسم، وبالتالي فإن الظل في هذه المنطقة يكون مظلمًا تمامًا. أما الظل الجزئي فيظهر حول الظل الكامل ويكون أقل كثافة، حيث تصل بعض أشعة الضوء إلى المنطقة ولكنها تتشتت جزئيًا. يمكن للطلاب من خلال هذه التجربة أن يلاحظوا كيف تختلف مناطق الظل بناءً على المسافة بين الجسم والمصدر الضوئي، وكذلك كيفية تأثير الزوايا التي يتساقط بها الضوء في تكوين الظل الجزئي والكامل.

تجربة تأثير حجم مصدر الضوء على الظل

تُظهر هذه التجربة كيف يمكن لحجم مصدر الضوء أن يؤثر على حدة الظل. في هذه التجربة، يتم استخدام مصباح كهربائي صغير ثم زيادة حجم المصباح باستخدام عدسات أو شاشات لتوسيع الضوء. يلاحظ المشاركون أنه عند استخدام مصدر ضوء صغير الحجم، مثل المصباح الذي لا يتجاوز حجمه بضع سنتيمترات، تظهر الظلال حادة للغاية ويكون لها حواف واضحة ودقيقة. ولكن عندما يُستخدم مصدر ضوء أكبر، مثل مصباح كبير أو عدة مصابيح متجمعة، فإن الظل يصبح أكثر نعومة مع حواف غير واضحة. تُظهر هذه التجربة أن الظل يتغير بناءً على حجم المصدر الضوئي، حيث يتسبب المصدر الصغير في ظلال أكثر وضوحًا وحدّة بينما يسبب المصدر الكبير ظلالًا أكثر تشتتًا ونعومة.

تجربة تأثير المسافة على الظل

هذه التجربة تساهم في فهم تأثير المسافة بين مصدر الضوء والجسم في حجم الظل. في هذه التجربة، يتم تحريك الجسم ببطء من مصدر الضوء أو العكس، وتتم مراقبة التغيرات في حجم الظل. يُلاحظ أن الظل يزداد في الحجم كلما اقترب الجسم من المصدر الضوئي، بينما يقل حجم الظل كلما ابتعد الجسم عن المصدر. يوضح هذا التغير في الحجم كيف تؤثر المسافة على تشتت الضوء وحجم الظل الناتج. في حالة الاقتراب، تصبح أشعة الضوء أقل انتشارًا وأكثر تركيزًا، مما يزيد من وضوح الظل. أما عند الابتعاد عن المصدر، يتشتت الضوء أكثر ويقل وضوح الظل وحجمه. يمكن من خلال هذه التجربة شرح العلاقة بين الضوء والمسافة وكيفية تأثيرها على تكوين الظلال.

تجربة الانكسار وتأثيره على الظل

تُظهر هذه التجربة تأثير الانكسار في الضوء على الظل. في هذه التجربة، يتم استخدام شعاع ضوء يمر عبر وسطين مختلفين، مثل الهواء والماء أو الزجاج. عندما يمر الشعاع عبر سطح الماء أو الزجاج، ينكسر الشعاع وينحرف، مما يؤثر على المسار الذي يسلكه الضوء. في هذه الحالة، إذا تم وضع جسم بالقرب من سطح مائل يتعرض للضوء المنكسر، يُلاحظ أن الظل يتغير في الشكل والاتجاه بسبب انكسار الضوء. تُظهر هذه التجربة كيف يمكن للوسط الذي يمر فيه الضوء أن يؤثر على تكوين الظل، حيث يؤدي الانكسار إلى تغيير في زاوية الضوء وتكوين الظل بشكل مختلف عن الوضع الطبيعي.

تجربة الظلال المتعددة

تتم هذه التجربة باستخدام أكثر من مصدر ضوء واحد. عندما يتم وضع جسم ما في موقع يسمح له بتلقي الضوء من أكثر من مصدر، يُلاحظ أن الجسم يتسبب في تكوين ظلال متعددة على الجدران المحيطة. في بعض الحالات، قد تتداخل الظلال مع بعضها، مما يؤدي إلى ظهور ظلال مزدوجة أو مشوهة. يمكن من خلال هذه التجربة استكشاف كيفية تفاعل أكثر من مصدر ضوء مع الجسم وكيف تؤثر زوايا الضوء المختلفة في تكوين الظلال. هذه الظاهرة تظهر بوضوح في المسارح أو الأماكن التي تحتوي على عدة مصادر ضوء، حيث يتم توظيف هذه الظلال بشكل متعمد لإنتاج تأثيرات بصرية مختلفة.

الخلاصة

تُعد التجارب العلمية حول الظل وسيلة رائعة لفهم الظواهر الفيزيائية المتعلقة بالضوء وتفاعله مع الأجسام. من خلال هذه التجارب، يمكن للطلاب والباحثين التعرف على كيفية تكوين الظلال ودراسة تأثيرات المسافة، حجم مصدر الضوء، الانكسار، وتعدد مصادر الضوء على الظلال. توفر هذه التجارب فهمًا عميقًا للكيفية التي يُمكن بها للضوء أن يتفاعل مع البيئة المحيطة ويؤثر في الشكل والمحتوى البصري للظلال.

الفصل الثالث: الظل في القرآن الكريم

الآيات التي ذُكر فيها الظل وتحليلها.

الظل يُعد من الظواهر التي أُشير إليها في القرآن الكريم في عدة مواضع، ويأتي ذكره في سياقات مختلفة تحمل معاني ودلالات عميقة، سواء من الناحية الفيزيائية أو الرمزية. وتتنوع الآيات التي تناولت الظل من حيث الدلالات التي تحملها، فتارةً يُذكر الظل كجزء من خلق الله العظيم، وتارةً أخرى كرمز للمواقف النفسية أو الروحية.

أحد الآيات التي ذُكر فيها الظل بشكل صريح هي الآية الكريمة: "وَجَعَلَ لَكُمْ مِنَ الْجِبَالِ أَكْنَانًا وَجَعَلَ لَكُمْ فِيهَا سُبُلًا لَّعَلَّكُمْ تَهْتَدُونَ وَجَعَلَ لَكُمْ سُرُبًا وَجَعَلَ لَكُمْ فِيهَا ظِلًّا" النحل: ٨١. في هذه الآية، يذكر الله سبحانه وتعالى الظل كنعمة من نعم الخالق التي أُعطيت للإنسان. الظل هنا يُعتبر حماية من شدة حرارة الشمس، وقد أُشير إليه كأحد وسائل الراحة التي خلقها الله للإنسان في بيئته. في هذه الآية، يُظهر الظل أهمية فطرية في حياة الإنسان، حيث أن غياب الظل أو شدة حر الشمس يمكن أن تؤدي إلى المشقة، وبالتالي يُعد الظل من وسائل حفظ حياة الإنسان وراحته.

وفي آية أخرى يقول الله تعالى: "وَإِنَّ لَكُمْ فِي الْأَنْهَارِ لَتَرْكَبُونَ وَفِي سُهُولٍ جَمَالٌ وَظِلٌّ تَحْتَهُ" الزخرف: ٧٣. تُظهر هذه الآية استخدام الظل في وصف المناظر الطبيعية في الجنة. الظل في هذه الآية يحمل دلالة على الراحة والرفاهية، فهو ليس مجرد حماية من الحرارة، بل يشير إلى حالة من الراحة والنعيم المستمر. الظل هنا يُصوَّر كجزء من الجمال الذي يُحيط بالمؤمنين في الجنة، حيث أنهم يجدون فيه الراحة والطمأنينة. هذه الرؤية الرمزية للظل تحمل في طياتها فكرة الراحة الدائمة في الآخرة، وهي دعوة للتفكير في الآخرة وتقدير ما أعده الله للمتقين من نعيم.

أما في آية "يَوْمَ تَكُونُ السَّمَاءُ كَالْمُهْلِ وَتَكُونُ الْجِبَالُ كَالْعِهْنِ" المعارج: ٨، فإن الظل يُذكر ضمن وصف يوم القيامة. الظل هنا ليس في السياق الطبيعي كما في الآيات السابقة، بل هو مرتبط بتصورات يوم القيامة، حيث تتغير معالم الكون بشكل شامل. في هذه الآية، يُرَكِّز على شدة هول ذلك اليوم، حيث تتبدل مظاهر الأرض والسماء، ويُتحدث عن الظل كرمز للتغيير العظيم الذي يصيب الكون في تلك اللحظات العصيبة. وبالتالي، الظل في هذه الآية يُستخدم كعنصر ضمن مشهد شديد التوتر والكارثة الذي يسود يوم الحساب.

من جانب آخر، نجد في القرآن الكريم إشـارات إلى الظل في سـياق تشـبيه مواقف الناس في الدنيا. يقول الله تعالى في سـورة الفرقان: "وَفَجَّرْنَا الْمِيَاهَ فِي السَّـمَاءِ وَالْجِبَالِ فَفَجَّرْنَاهُ إِذَا فَتَّتْ فَطَاهُ فِي أَعْمَالِهِمْ" الفرقان: ١٢. هنا، الظل يُسـتخدم كدلالة على التقدير أو الغفلة عن الأمور الحقيقية في الحياة. الظل يمثل نوعًا من التغطية أو الحجب الذي لا يظهر لك الحقيقة على ما هي عليه، تمامًا كما يُحجب الضوء وراء جسم ما ليتشكل الظل.

وفي سـياق آخر في القرآن، يُسـتعمل الظل كرمز للراحة النفسـية في حياة المؤمن، ويظهر هذا بوضـوح في قوله تعالى: "وَالَّذِينَ آمَنُوا وَعَمِلُوا الصَّـالِحَاتِ كَانَ لَهُمْ جَنَّاتٌ تَجْرِي مِن تَحْتِهَا الْأَنْهَارُ خَالِدِينَ فِيهَا وَأَزْوَاجٌ مُطَهَّرَةٌ وَرَحْمَةٌ مِّنْ رَّبِّهِمْ وَرَحْمَةٌ مِّنْ رَّبِّهِمْ خَيْرٌ مِّمَّا يَجْمَعُونَ" آل عمران: ١٩٨. الظل هنا يُشير إلى الراحة التي سـيجدها المؤمن في الجنة، حيث لا تكون هناك مشـقة أو تعب، بل يوجد النعيم والظل الذي يخفف من الحرارة ويوفر الراحة الجسدية والنفسية.

علاوة على ذلك، هناك مفهوم آخر يُسـتحضـر عند الحديث عن الظل في القرآن، وهو الإشـارة إلى الظل في العالم الخارجي والارتباطات النفسـية للأشخاص. ففي قوله تعالى: "وَفَجَّرْنَا الْمِيَاهَ فِي السَّمَاءِ فَجَّرْنَاهُ" النبأ: ١٤، يتحول الظل إلى رمز لخفاء وحجب الحقيقة عن الشخص.

باختصـار، إن الظل في القرآن الكريم يحمل معاني متعددة تتراوح بين الدلالة على نعمة الخالق ورحمه، والتعبير عن حالات يوم القيامة أو غفلة الناس عن الحقائق الحقيقية في الحياة.

معاني الظل في السياق القرآني رحمة، عذاب، دليل على القدرة الإلهية.

الظل في القرآن الكريم يحمل معاني متنوعة ودلالات عميقة تتراوح بين كونه رمزًا للرحمة والراحة، وبين كونه رمزًا للعذاب والظلم، وأحيانًا يُسـتخدم كدليل على قدرة الله وإبداعه في خلق الكون. هذه المعاني تظهر بوضـوح في العديد من الآيات التي تناولت الظل، حيث يُستخدم كأداة رمزية تحمل رسائل دينية وروحية، تتماشى مع السياق الذي ورد فيه.

أولاً، عندما يُذكر الظل في القرآن الكريم في سـياق الرحمة، يكون دلالة على الراحة والظلال التي توفرها قدرة الله ورأفته بالعباد. في الآية التي يقول فيها الله سبحانه وتعالى: "وَجَعَلَ لَكُمْ مِنَ الْجِبَالِ أَكْنَانًا وَجَعَلَ لَكُمْ فِيهَا سُـبُلًا لَّعَلَّكُمْ تَهْتَدُونَ وَجَعَلَ لَكُمْ سُـرُبًا وَجَعَلَ لَكُمْ فِيهَا ظِلًّا" النحل: ٨١، يتحدث الله عن الظل الذي يُعد من النعم التي أسبغها الله على الإنسان في بيئته. الظل في هذه الآية يظهر كعنصر من عناصـر الراحة والراحة الجسـدية والنفسـية، حيث يوفر الحماية من شـدة حرارة الشـمس، فيكون بذلك نوعًا من النعمة التي وهبها الله للبشـر. كما أن الظل

الذي توفره الأشجار أو الجبال يعتبر رمزا للرحمة الإلهية التي ترفق بالإنسان في ظل الظروف الطبيعية التي قد تكون قاسية.

ثانيًا، يُذكر الظل في بعض الأحيان في القرآن الكريم كدلالة على العذاب أو الظلم. في الآية: "يَوْمَ تَظِلُّ السَّــمَاءُ كَالْمُهْلِ وَتَكُونُ الْجِبَالُ كَالْعِهْنِ" المعارج: ٨، يظهر الظل في سياق يوم القيامة وفي لحظة تحول الكون العظيم، حيث تتغير كل ملامح الأرض والسماء في هذا اليوم المشهود. في هذه الآية، يُذكر الظل كجزء من المشهد الذي يعبر عن الكوارث العظيمة التي ستحدث يوم القيامة، حيث تَظِلُّ السماء بالظلمة والهيبة، ويختفي الأمل وتغيب الراحة. في هذا السياق، يُستخدم الظل كرمز للقوة الهائلة التي ستغلف الكون، ويُشّير إلى الكآبة والعذاب الذي سيواجهه المكذبون في ذلك اليوم. لذلك، يكون الظل في هذه الآية مرتبطًا بشدة الاضطراب النفسي الذي سيعيش فيه الكفار والمكذبون، الذين ستكون الظلمة مصدرًا للضيق والقلق الشديد.

وفي موضع آخر، يظهر الظل كدليل على القدرة الإلهية العظيمة في خلق الكون. في قوله تعالى: "اللَّهُ الَّذِي خَلَقَ السَّمَاوَاتِ وَالْأَرْضَ فِي سِتَّةِ أَيَّامٍ ثُمَّ اسْتَوَى عَلَى الْعَرْشِ يَعْلَمُ مَا يَلِجُ فِي الْأَرْضِ وَمَا يَخْرُجُ مِنْهَا وَمَا يَنزِلُ مِنَ السَّــمَاءِ وَمَا يَعْرُجُ فِيهَا وَهُوَ مَعَكُمْ أَيْنَ مَا كُنتُمْ وَاللَّهُ بِمَا تَعْمَلُونَ بَصِيرٌ" الحديد: ٤، يمكن تفسير الظل هنا على أنه جزء من النظام الكوني المعجز الذي أوجده الله، حيث يُظهر أن كل شيء في الكون يسير وفق مشيئته وتقديره. في هذه الآية، يمكن أن يُنظر إلى الظل كأداة من أدوات الطبيعة التي تدل على العظمة الكامنة في خلق الله سبحانه وتعالى، وقدرته على جعل الكون يعمل بتوازن تام. ظل الشمس أو الأشجار، في هذا السياق، ليس مجرد ظاهرة فيزيائية، بل هو انعكاس مباشر لعظمة الله في خلق الكون، حيث إن الظل لا يمكن أن يوجد إلا بوجود الضوء، وهذا التفاعل بين الضوء والظل يُظهر تنسيقًا دقيقًا لا يتوقف عن العمل وفق النظام الذي وضعه الخالق.

أما في السياق الروحي، يمكن للظل أن يشير إلى الراحة التي يظفر بها المؤمنون بفضل رحمة الله. ففي الحديث عن الجنة، يُذكر الظل كأحد صور النعيم الذي ينتظر المؤمنين. يقول الله تعالى في سورة الزخرف: "وَإِنَّ لَكُمْ فِي الْجَنَّاتِ لَتَجْرِي مِن تَحْتِهَا الْأَنْهَارُ خَالِدِينَ فِيهَا وَأَزْوَاجٌ مُّطَهَّرَةٌ وَرَحْمَةٌ مِّنْ رَّبِّهِمْ وَرَحْمَةٌ مِّنْ رَّبِّهِمْ خَيْرٌ مِّمَّا يَجْمَعُونَ" الزخرف: ٧٣. في هذا الوصف، الظل يُقدَّم كعنصر من عناصر الراحة التي ستنعم بها الأرواح الطيبة في الجنة. هذه الظلال في الجنة هي رموز للراحة الدائمة والمستقرة التي لن ينغصها شيء، فلا حر ولا تعب، بل نعيم دائم بلا انقطاع. إن الظل هنا في الجنة ليس مجرد حماية من

الحرارة، بل هو دليل على الراحة التامة التي سيجدها المؤمنون في ظل نعيم الله ورضاه.

ختامًا، يمكن القول إن الظل في القرآن الكريم يرمز إلى مفاهيم متعددة تعكس قدرة الله، ورحمته، وعذابه، وتُظهر مدى ارتباطه العميق بالطبيعة الإنسانية والكونية. في بعض الأحيان، يكون الظل رمزًا للراحة والرحمة التي يُمنح بها المؤمنون، وفي أحيان أخرى، يُستخدم كدليل على العذاب والمشقة التي ستصيب المكذبين. كما أن الظل يعد مثالًا حيًا على النظام الكوني الدقيق الذي خلقه الله والذي يعكس قدرتَه وحكمته.

تفسيرات العلماء والمفسرين حول هذه الآيات.

تفسيرات العلماء والمفسرين للآيات التي ورد فيها ذكر الظل تكشف لنا عن عمق المعاني التي يمكن أن يحملها هذا المفهوم في السياق القرآني، وتُظهر كيف أن المفسرين عبر العصور لم يتناولوا "الظل" فقط بوصفه ظاهرة طبيعية، بل تعمقوا في رمزيته ودلالاته العقدية والكونية.

من أبرز الآيات التي تناولها المفسرون بتفصيل هي قول الله تعالى في سورة الفرقان:

"أَلَمْ تَرَ إِلَىٰ رَبِّكَ كَيْفَ مَدَّ الظِّلَّ وَلَوْ شَاءَ لَجَعَلَهُ سَاكِنًا ثُمَّ جَعَلْنَا الشَّمْسَ عَلَيْهِ دَلِيلًا ۝ ثُمَّ قَبَضْنَاهُ إِلَيْنَا قَبْضًا يَسِيرًا" الفرقان: ٤٥-٤٦.

قال الإمام الطبري في تفسيره إنّ "مد الظل" معناه بسطه في أول النهار وقبل طلوع الشمس، وهو الوقت الذي يكون فيه الظل ممتدًا طويلاً، وهو من دلائل قدرة الله؛ إذ جعله يتمدد وينكمش وفق نظام دقيق. وأما قوله "ثُمَّ جَعَلْنَا الشَّمْسَ عَلَيْهِ دَلِيلًا"، فبيَّن الطبري أن الشمس هي التي يُعرف بها الظل، فلولا الشمس ما كان ظل، فهي التي تدل عليه وتكشف تغيراته. وقوله "قَبَضْنَاهُ إِلَيْنَا قَبْضًا يَسِيرًا" يعني أن الله يزيله تدريجًا، كما نشاهد عند زوال الظل في الظهيرة.

أما القرطبي، فقد فسر هذه الآيات تفسيرًا مميزًا؛ حيث قال إن الله يُري عباده كيف يتغير الظل ليدل على تغير الأوقات، وليكون عبرة لهم في تعاقب الليل والنهار. ويرى أن الشمس هنا تُعَدُّ دليلًا على الظل لا لكونها سببًا وحيدًا في وجوده، بل لأنها تكشفه وتُظهره للعين، وهو دليل على التقدير المحكم في الخلق. وأضاف أن "قبض الظل" تعبير بلاغي عن دقة النظام الكوني، حيث لا يحدث تغيُّرٌ فيه فجأة، بل وفق تدرج محسوب.

في تفسير ابن كثير، أكد أن هذه الآيات من دلائل القدرة الإلهية في تسيير الكون، وأن الله سبحانه يذكر عباده بأحد مظاهر الطبيعة التي اعتادوها دون تأمل، وهي حركة الظل وتبدله، ليُلفتهم إلى دقة هذا الخلق وعظمة مدبره. ويشرح

أن "مد الظل" إشارة إلى حالة ما قبل شروق الشمس حيث يكون الظل ممتدًا في كل مكان، وأن الشمس بعد شروقها تبدأ في تقليص هذا الظل تدريجيًا، وهي عملية تُظهر حكمة الله في ترتيب الزمن وتقسيم ساعات اليوم.

في موضع آخر، مثل قوله تعالى:

"إِنَّ الْمُتَّقِينَ فِي ظِلَالٍ وَعُيُونٍ" المرسلات: ٤١، ذهب المفسرون إلى أن "الظلال" هنا هي ظلال الجنة، وهي ليست منقطعة ولا متغيرة كما في الدنيا، بل دائمة مستقرة، تمثل الراحة الأبدية التي وعد الله بها عباده المتقين. قال الرازي في تفسيره إن الظل في الآخرة لا يكون ناتجًا عن ضوء شمس أو مصدر آخر، بل هو خلق من خلق الله، يتناسب مع طبيعة النعيم الأبدي. وأضاف أن ذكر "الظلال" قبل "العيون" يدل على أن الراحة أولى من اللذة، فالظل راحة والعيون الأنهار والينابيع لذة.

أما في الآيات التي تتحدث عن العذاب، مثل قوله تعالى:

"انطَلِقُوا إِلَىٰ ظِلٍّ ذِي ثَلَاثِ شُعَبٍ ۝ لَّا ظَلِيلٍ وَلَا يُغْنِي مِنَ اللَّهَبِ" المرسلات: ٣٠-٣١، فقد رأى الزمخشري في تفسيره أن "الظل" هنا ليس ظلًا مريحًا بل هو ظل دخان جهنم، وهو عذاب مضاعف، لأن الظل في أصله راحة، فإذا تحوّل إلى وسيلة عذاب كان ذلك أبلغ في الإهانة. وشرح أن "ثلاث شعب" هي ألسنة اللهب المتفرقة، وأن هذا الظل لا يقي من حر ولا لهب، بل هو امتداد للعذاب نفسه. وفي هذا انعكاس لفكرة العدالة الإلهية، حيث تتحول حتى الأشياء التي كانت نعمة إلى مصدر للألم في حال الكفر والعصيان.

ويضيف الفخر الرازي في تفسيره لآيات الظل أنها تندرج ضمن نظام الإشارات القرآنية التي تُحيل القارئ إلى التأمل العقلي والنفسي في الأشياء البسيطة التي تمر علينا يوميًا دون أن نُدرك عظمة خلقها. ويؤكد أن الظل في القرآن ليس موضوعًا فيزيائيًا فقط، بل هو ظاهرة تجمع بين البعد الكوني، والبعد الروحي، والدلالة الأخلاقية.

خلاصةً، فإن تفسيرات العلماء والمفسرين للآيات المتعلقة بالظل تتنوع بين التفسير الحرفي والتأويلي، بين النظر العلمي والنظر العقدي، لكن جميعها تُجمع على أن الظل في القرآن ليس مجرد ظاهرة طبيعية، بل هو أداة من أدوات الخطاب الإلهي لتذكير الإنسان بعظمة الخالق، وبدقة نظام الكون، وبأن كل ما حولنا - حتى أبسط الظواهر - يحمل رسالة ودلالة تدفعنا للتأمل والخشوع.

الفصل الرابع: حقيقة الظل

مقارنة بين المفهوم الفيزيائي والمفهوم القرآني.

في هذا الفصل، نقترب من جوهر السؤال المحوري لهذا الكتاب: **ما حقيقة الظل** كما يظهر في ضوء العلم الحديث من جهة، وكما ورد في القرآن الكريم من جهة أخرى؟ وكيف يمكن أن نُجري مقارنة عميقة بين المفهومين، دون الوقوع في اختزال أو تعارض، بل بحثًا عن التكامل أو على الأقل التماس بين الرؤية الفيزيائية والرؤية القرآنية؟

الفيزياء تنظر إلى الظل بوصفه ظاهرة ناتجة عن **اعتراض جسم معتم لمسار الضوء**. فعندما يسقط الضوء على جسم صلب، فإن هذا الجسم يمنع الضوء من المرور خلاله، فينشأ خلفه "منطقة مظلمة" تُعرف بالظل. ويتغير شكل الظل وطوله وفقًا لمصدر الضوء سواء شمس أو ضوء صناعي، واتجاهه، وبعد الجسم عن السطح الواقع عليه، وقوة الإضاءة وشدتها. الظل من الناحية العلمية ليس كيانًا مستقلاً، بل هو نتاج لغياب الضوء، أي أنه ظاهرة وليست مادة، وليس له وجود ذاتي، بل وجوده معتمد تمامًا على وجود الضوء والجسم المعترض له.

في المقابل، نجد أن **المفهوم القرآني للظل** أعمق وأشمل، يتجاوز هذا التفسير الآلي البحت. فحين يرد ذكر الظل في القرآن، فإنه لا يرد بوصفه فقط ظاهرة فيزيائية، بل يأتي مشحونًا بالمعاني والدلالات: هو مرة **رحمة** كما في ظلال الجنة، ومرة **عذاب** كما في ظل الدخان في جهنم، **ومرة علامة على قدرة الله في تدبير الكون** كما في آيات سورة الفرقان. في كل هذه المواضع، لا يُقدَّم الظل كنتاج ميكانيكي لقوانين فيزيائية فحسب، بل كجزء من نظام إلهي دقيق يحمل معاني تربوية وتوجيهية للإنسان، ويحثه على التدبر في "الخلق".

والفرق بين الرؤيتين هنا ليس مجرد فرق لغوي أو أسلوبي، بل فرق في زاوية النظر:

- **الرؤية العلمية** تصف كيف يتكون الظل، وتحدد خصائصه، وتستفيد منه في التطبيقات، كالتصوير، والهندسة، والرسوم، والعلوم الفلكية.
- **الرؤية القرآنية** تتساءل عن لماذا يوجد الظل، ولماذا هو بهذا الشكل، وكيف يدلنا هذا التكوين على الخالق. الرؤية هنا تقود إلى إدراك الغاية والمعنى، لا مجرد التوصيف التقني.

مثال على هذا الفرق يظهر في قوله تعالى:

"أَلَمْ تَرَ إِلَىٰ رَبِّكَ كَيْفَ مَدَّ الظِّلَّ..."، فالملاحظة القرآنية ليست مجرد ملاحظة بصرية، بل هي دعوة للتأمل في "المدّ" ذاته: كيف يحدث؟ من الذي يمده؟ لماذا لا يكون ساكنًا؟ لماذا تسبقه الشمس وتدل عليه؟ هذه الأسئلة لا تُجيب عنها الفيزياء،

وإنما يُوجه القرآن من خلالها نظر الإنسان إلى الحكمة الكبرى، والعناية الربانية في خلق ما قد يظنه بسيطًا وعاديًا.

إن الفيزياء لا ترى في الظل "مخلوقًا"، بل نتيجة، وتُسقِط عليه الصفات من خلال علاقته بالضوء والجسم الحاجب له. بينما في المفهوم القرآني، يمكن النظر إلى الظل كـ"كائن رمزي"، له دور في التذكير، وفي الوصف الأخروي، بل ويخضع لإرادة الله، كما يُفهم من قوله تعالى:

"ثُمَّ قَبَضْنَاهُ إِلَيْنَا قَبْضًا يَسِيرًا"، أي أن الظل يتحرك بتقدير دقيق، وليس عبثًا.

في ضوء هذه المقارنة، نستطيع القول إن **الظل في القرآن هو ظاهرة ذات بعد كوني وروحي**، تشير إلى النظام، والتوازن، والرحمة، والعذاب، والهداية. أما في الفيزياء، فهو نتيجة تفاعل ضوئي – مادي، يُقاس ويُدرس ويُفكك. لكن لا يمكن حصر الظل في واحد من هذين المعنيين دون الآخر؛ فالتكامل بين الفهمين يمنحنا رؤية أشمل وأعمق: **رؤية تجمع بين التفسير العلمي والتأمل الإيماني**، وتساعدنا على فهم الحياة والكون بطريقة أكثر اتساعًا وإنصافًا، حيث لا تُلغى قوانين الفيزياء، ولا تُهمل الدلالات الغيبية، بل يسير كلاهما في طريق واحد نحو فهم الحقيقة.

هل الظل مخلوق أم ظاهرة طبيعية؟

في هذا الفصل، نواصل البحث في السؤال الجوهري الذي يفرض نفسه بعد استعراض المفاهيم العلمية والقرآنية للظل:

هل الظل مخلوق بذاته؟ أم أنه مجرد ظاهرة طبيعية؟

من وجهة النظر **العلمية البحتة**، يُنظر إلى الظل على أنه ظاهرة فيزيائية لا تحمل وجودًا ماديًا مستقلًا. فهو ليس مادة ملموسة، بل هو ناتج عن حجب الضوء بواسطة جسم معتم، ما يؤدي إلى تشكّل منطقة مظلمة أو أقل إضاءة خلف الجسم. وبهذا، فالظل ليس إلا غيابًا جزئيًا أو كليًا للضوء، يعتمد وجوده على توفر ثلاثة شروط: مصدر ضوء، جسم حاجب، وسطح يستقبل الظل. فالعلم لا يعترف بالظل ككيان منفصل عن هذه الشروط الثلاثة، بل يعتبره نتيجة تلقائية لحضورها مجتمعة.

أما في المنظور القرآني، فالصورة أكثر عمقًا، وأكثر ارتباطًا بالمقصد الإلهي من الظواهر الكونية. ففي القرآن الكريم، لا يُذكر الظل كمجرد عرض مؤقت، بل يَرِد في سياقات متعددة تُوحي بأنه جزء من نظام مخلوق بقصد وتقدير:

"أَلَمْ تَرَ إِلَىٰ رَبِّكَ كَيْفَ مَدَّ الظِّلَّ وَلَوْ شَاءَ لَجَعَلَهُ سَاكِنًا" **الفرقان: ٤٥**

الآية تدعو إلى التأمل لا في "وجود الظل" فحسب، بل في كيفية "مدّه"، أي بسطه وتغيّره المتدرج. وهذا يشير إلى أن الظل ليس مجرد نتيجة تلقائية لقوانين طبيعية، بل هو امتداد لفعل الخلق، قائم على مشيئة الله، ومنضبط بتقديره. واستخدام التعبير:

"ثُمَّ قَبَضْنَاهُ إِلَيْنَا قَبْضًا يَسِيرًا"

يُظهر أن تغير الظل وانحساره لا يتم بفعل ذاتي، بل بفعل رباني مقدَّر، مما يمنح للظل صفة "المخلوق الخاضع لإرادة الله"، حتى وإن لم يكن مادة قائمة بذاتها.

وقد ذهب بعض العلماء والمفسرين إلى أن كل ما هو داخل هذا الكون، مما نراه أو لا نراه، هو مخلوق؛ لأن الله قال:

" اللَّهُ خَالِقُ كُلِّ شَيْءٍ "الزمر: ٦٢

وبالتالي، فإن الظل – حتى لو لم يكن مادة – يدخل في هذا العموم؛ فهو أحد تجليات النظام الكوني، والنظام نفسه مخلوق.

ونلاحظ أيضًا أن القرآن يستخدم "الظل" في مواضع ترتبط بالنعيم أو بالعذاب، مثل:

"إِنَّ الْمُتَّقِينَ فِي ظِلَالٍ وَعُيُونٍ"المرسلات: ٤١

"انطَلِقُوا إِلَىٰ ظِلٍّ ذِي ثَلَاثِ شُعَبٍ، لَّا ظَلِيلٍ وَلَا يُغْنِي مِنَ اللَّهَبِ"المرسلات: ٣٠-٣١

وفي الحالتين، يُصور الظل ككيان مستقل في بيئة الآخرة، سواء في الجنة أو النار، وهو بذلك يصبح **جزءًا من الموجودات الأخروية**، التي لا تُفهم فقط ضمن قوانين فيزيائية دُنيوية، بل في إطار خلق جديد له قوانينه الخاصة.

إذن، حين نسأل: هل الظل مخلوق أم مجرد ظاهرة طبيعية؟

يمكننا أن نجيب من خلال **التكامل بين المنظورين**:

- هو ظاهرة طبيعية من حيث الوصف العلمي،
- وهو مخلوق إلهي من حيث الغاية، والنظام، والتقدير، والارتباط بمشيئة الخالق.

فالظل ليس كائنًا ذاتيًا كالشجر أو الحيوان، لكنه ليس عدميًا أيضًا؛ بل هو جزء من النظام الكوني، وبهذا يدخل ضمن المخلوقات التي تخضع لأمر الله، كما قال تعالى:

" وَلِلَّهِ يَسْجُدُ مَن فِي السَّمَاوَاتِ وَالْأَرْضِ طَوْعًا وَكَرْهًا وَظِلَالُهُم بِالْغُدُوِّ وَالْآصَالِ "الرعد: ١٥

فهنا يُنسب السجود إلى الظلال، وكأن لها وعيًا ضمنيًا في أداء وظيفتها، ما يعني أن لها مقامًا معنويًا في نظام التسبيح الكوني، وهذا لا يكون إلا لمخلوق.

وبذلك، نخلص إلى أن الظل ليس مجرد عرض لحظي أو فراغ ضوئي، بل هو
– وفق القرآن – مخلوق من مخلوقات الله، وإن كان في أصله نتيجة تفاعل
فيزيائي، لكنه خاضع لتقدير إلهي محكم، وله وظيفة تربوية وروحية في حياة
الإنسان.

هل هناك رمزية خاصة للظل في الإسلام؟

نعم، للظل في الإسلام رمزية خاصة وعميقة تتجاوز دلالاته الحسية
والفيزيائية، لتغوص في المعاني الروحية والتربوية والعقائدية، وتربط الظل
بحقائق إيمانية كبرى كالرحمة، الحماية، العدل، الهيبة، والجزاء الأخروي.
ويمكن تلخيص الرمزية الإسلامية للظل في عدة مستويات، تتداخل فيها اللغة
والقرآن والحديث النبوي وتصورات التصوف الإسلامي، كما يلي:

---

١. الظل كرمز للرحمة الإلهية والحماية

من أبرز معاني الظل في الإسلام أنه رمز للرحمة واللطف الإلهي، يتجلّى في
مظاهر الطبيعة وفي أحوال الآخرة. فالله سبحانه وتعالى يمدّ الظل في الدنيا رحمة
بعباده، تلطيفًا للحر والبرد، وجعل له دورًا في تيسير الحياة.

وفي الآخرة، تتكرر صورة الظل في الجنة بوصفه من مظاهر النعيم، كما في
قوله تعالى:

"إِنَّ الْمُتَّقِينَ فِي ظِلَالٍ وَعُيُونٍ"المرسلات: ٤١

"وَدَانِيَةً عَلَيْهِمْ ظِلَالُهَا وَذُلِّلَتْ قُطُوفُهَا تَذْلِيلًا"الإنسان: ١٤

هذا الظل لا يشير فقط إلى الجانب الجسدي المريح، بل يعبر عن السكينة
الأبدية، الاطمئنان، الطمأنينة، وكل ما يتمنى المؤمنون نيله من فضل الله.

---

٢. الظل كرمز للعدالة والفضل يوم القيامة

في الحديث الشريف، يتجلّى الظل كرمز للعدالة الإلهية يوم القيامة، وذلك في
الحديث المشهور:

" سبعة يظلهم الله في ظله يوم لا ظل إلا ظله"... رواه البخاري ومسلم

في هذا السياق، الظل هنا ليس ظلًّا ماديًا، بل هو تعبير رمزي عن الخصوصية
الإلهية، والنجاة من الهول، والرضا الرباني. إنه ظلّ العدل الإلهي الذي يمنح
بعض الناس الأمان في وقت تشتد فيه الأهوال ويغيب فيه كل مأوى مادي.

الذين يظفرون بهذا الظل هم من تحققوا بأعلى القيم الأخلاقية والروحية: الإمام
العادل، الشاب التقي، الرجل الذي يحب المسجد، المتحابون في الله، المتصدق

المخلص، الخائف من الله في الخفاء، والذاكر لله في خلاء. فهؤلاء نالوا الظل المعنوي الذي يمثل الحماية الإلهية القصوى.

---

٣. الظل كرمز للهيبة والسلطة

في اللغة العربية الكلاسيكية، كانت هناك عادة لوصف الحاكم العادل أو الخليفة أو السلطان بأنه "ظلّ الله في الأرض"، وهي عبارة نجدها في بعض الأحاديث الضعيفة أو أقوال العلماء. والمراد منها أن الحاكم يجب أن يكون ملجأ للمظلومين، وعدلًا في القضاء، وستارًا دون الفوضى والظلم. وهذا المعنى مأخوذ من رمزية الظل في كونه غطاءً ساترًا، ومأمنًا من الخطر.

---

٤. الظل كرمز للزوال والدنيا الفانية

في التصوف الإسلامي والفكر الفلسفي الإسلامي، أحيانًا يُنظر إلى الظل بوصفه رمزًا لعدم الثبات والزوال. فهو لا يبقى على حال، يتغير بطول اليوم، يطول ويقصر، ويفنى عند اختفاء النور أو غروب الشمس. ومن هنا، يشير إلى فناء الدنيا وزيف الاستقرار فيها.

بعض المتصوفة يستخدمون هذه الصورة ليقولوا إن كل ما في الوجود من نعم ومظاهر وجمالات، إنما هو "ظلال" لأسماء الله وصفاته، أي أنه لا وجود ذاتي لها، بل تستمد وجودها من النور الإلهي، تمامًا كما يستمد الظل وجوده من الضوء والجسم.

---

٥. الظل كدليل على الله وآية من آياته

القرآن يجعل من الظل آية كونية تدل على الخالق، كما في قوله تعالى:
" أَلَمْ تَرَ إِلَىٰ رَبِّكَ كَيْفَ مَدَّ الظِّلَّ وَلَوْ شَاءَ لَجَعَلَهُ سَاكِنًا ۖ ثُمَّ جَعَلْنَا الشَّمْسَ عَلَيْهِ دَلِيلًا الفرقان": ٤٥

الآية ليست مجرد ملاحظة فلكية، بل دعوة لتأمل في حكمة الخلق، في التعاقب، في التوازن، في الدقة. فالظل هنا يصبح علامة من علامات التدبير الإلهي، ودعوة عقلية وتأملية إلى الإيمان.

الخلاصة:

الظل في الإسلام ليس مجرد انعدام للضوء، بل هو رمز حي يتغلغل في عقيدة المسلم وسلوكه وتأمله. إنه يدل على:
- الرحمة التي تغمر المؤمن،

- العدل الذي يُنصف المظلوم،
- الحماية من الفتن،
- الهيبة الإلهية،
- الزوال الذي يذكّر بفناء الدنيا،
- والآية التي تفتح العقل للتفكر في الخالق.

وهذه المعاني كلها تجعل من "الظل" موضوعًا غنيًّا للبحث الروحي والعلمي معًا، ونافذة لفهم العلاقة العميقة بين الإنسان والكون والخالق.

الفصل الخامس: الخاتمة والاستنتاج

رؤية شاملة عن ماهية الظل بناءً على العلم والقرآن.

بعد رحلة تأمل علمي وروحي عبر فصــول هذا الكتاب، يمكننا الآن أن نقف وقفة وعي شــاملة لنجيب عن الســؤال الجوهري: ما هو الظل؟ أهو مجرد ظاهرة فيزيائية عابرة؟ أم أنه كيان يحمل معنى يتجاوز المحســوس؟ ما هي حقيقته وفقًا للعلم؟ وما هي ماهيته من منظور القرآن الكريم؟

أولًا: الظل في العلم

من المنظور العلمي البحت، الظل هو منطقة مظلمة أو شــبه مظلمة تتكوّن نتيجة اعتراض جسم معتم لمسار الضوء، بحيث لا يصل الضوء إلى المنطقة الواقعة خلف الجســم، فيتكوّن ما يُعرف بالظل الكامل Umbra أو شــبه الظل Penumbra. هذه العملية تحكمها قوانين فيزيائية دقيقة تتعلق بانبعاث الضــوء، واتجاهه، وانكساره، وانعكاسه، ودرجة امتصاص الأسطح له.

الظل في العلم لا يُعتبر كيانًا مســتقلًا، بل نتاج تفاعل بين الضــوء والجســم والســطح. ومع ذلك، فالعلم يعترف بأن الظل يُعبّر عن ظاهرة لها خصــائص، ويمكن دراستها وقياسها والتحكم بها. وقد استفاد الإنســان من هذه الظاهرة في تطوير أدوات كالســاعات الشمسية، وفي فهم دوران الأرض وتعاقب الفصول، وفي مجالات التصوير والإضاءة والطاقة.

لكن، رغم هذا التفســير المادي، يظل العلم عاجزًا عن تقديم معنى وجودي للظل؛ أي أنه لا يجيب عن ســؤال: لماذا يوجد الظل؟ بل يكتفي بالقول كيف يتكوّن.

ثانيًا: الظل في القرآن

أما في القرآن الكريم، فالظل يتجاوز حدود الظاهرة البصرية، ليصبح علامة من علامــات الخلق، ودليلاً على النظــام الكوني، وأداة تربويــة وروحية للتأمــل والتذكر.

في آية مثل:

" أَلَمْ تَرَ إِلَىٰ رَبِّكَ كَيْفَ مَدَّ الظِّلَّ الفرقان": ٤٥

يُعطى الظل وصــفًا فعليًا مرتبطًا بمشــيئة الله، لا كمجرد نتيجة فيزيائية، بل كحدث محســوب، مقدّر، ومدروس، وهو ما يُشير إلى أن الظل، وإن لم يكن مادة قائمة بذاتها، فهو مخلوقٌ مسيّر ضمن نظام كوني دقيق.

وفي مواضع أخرى، يصبح الظل رمزًا للنعيم والجحيم، للطمأنينة أو الخوف، للستر أو الهلاك. فهو يظهر في الجنة ممتدًا وباردًا، وفي النار كثيفًا خانقًا لا يقي من لهب، ما يُدل على قيمة رمزية مزدوجة للظل:

- ظلٌ رحيم يدل على رضا الله
- وظلٌ جحيمي يدل على سخطه

وهو بذلك يتحول من ظاهرة حسية إلى علامة روحية ذات حمولة دينية عميقة.

ثالثًا: الظل بين الظاهرة والمخلوق

إذا حاولنا التوفيق بين النظرة العلمية والقرآنية، فإننا نصل إلى تصور متكامل عن" ماهية الظل " يقوم على أن:

- الظل ظاهرة طبيعية من حيث التكوين المادي الفيزيائي.
- وهو مخلوق إلهي من حيث الوجود والتقدير والغاية، كما ورد في السياق القرآني.

إنه ليس مخلوقًا "ذاتي الوجود" كالإنسان أو الحيوان أو الشجر، لكنه جزء من خلق النظام الكوني، وبهذا يكون مخلوقًا من حيث كونه ناتجًا عن مشيئة الله، خاضعًا لقوانينه، وذا وظيفة في دورة الحياة والكون.

رابعًا: الظل كرسالة للإنسان

من خلال التأمل في الظل، نكتشف أن الله تعالى أراد للإنسان أن لا يمرَّ عليه مرور العابرين، بل أن يتوقف أمامه ويسأل:

- كيف يمتد؟ ولماذا يتغيّر؟
- من الذي جعله يسكن؟ ومن الذي قبضه؟
- لماذا يرتاح الجسد في الظل؟ ولماذا يستظل الناس بعضهم ببعض في المواقف الصعبة؟
- كيف أن الظل يكون سكينةً في الدنيا، وحمايةً في الآخرة، وهلاكًا للكافرين؟
- كيف أن الظلال تسجد لله كما في قوله:

" وَلِلَّهِ يَسْجُدُ مَن فِي السَّمَاوَاتِ وَالْأَرْضِ طَوْعًا وَكَرْهًا وَظِلَالُهُم بِالْغُدُوِّ وَالْآصَالِ "الرعد: ١٥

كل ذلك يجعل من الظل رسالة صامتة من الله إلى الإنسان، تدعوه إلى التأمل، والخشية، والشكر، والتسبيح.

الخلاصة

إن الظل ليس مجرّد فراغ ناتج عن غياب الضوء، بل هو تجلٍّ من تجليات النظام الكوني الذي أبدعه الخالق بحكمة وعناية. وهو ظاهرة علمية، مخلوق رباني، وآية قرآنية. له خصائص فيزيائية يمكن دراستها، ومعانٍ روحية يمكن تدبرها، ودلالات رمزية تفتح الباب للتفكر في مصير الإنسان ومآله.

إن إدراك ماهية الظل يتطلب عقلًا يفهم، وقلبًا يتأمل، وروحًا تسجد. وهكذا يصبح الظل بابًا من أبواب المعرفة بالله، ومدخلًا لفهم العلاقة بين الغيب والشهادة، بين العلم والوحي، بين الإنسان والكون.

وبهذا، يكون الظل قد كشف لنا عن ظله الحقيقي:

ليس ما تراه العين فحسب، بل ما يبصره القلب في النور الذي يمرُّ من حوله ولا يراه.

أهمية التفكير في الظواهر الطبيعية لفهم عظمة الخالق.

إن التفكير في الظواهر الطبيعية، ومن بينها الظل، لا يُعدّ مجرد تمرين عقلي أو فضول علمي، بل هو في المنظور الإسلامي عبادة قلبية وعقلية، تقود الإنسان إلى إدراك عظمة الخالق، وتعمّق إيمانه، وتفتح له آفاقًا من التدبر في خلق الله وتدبيره. فالقرآن الكريم مليء بالآيات التي تدعو الإنسان إلى النظر، والتفكر، والتأمل في العالم من حوله، وجعل من الكون كتابًا مفتوحًا، آياته مرئية محسوسة كما أن القرآن آياته منطوقة مقروءة.

أولًا: دعوة قرآنية للتفكر

لقد كرر القرآن الكريم مرارًا قوله تعالى:

- "أفلا ينظرون؟"،
- "أفلا يتفكرون؟"،
- "وفي الأرض آيات للموقنين"،
- " وفي أنفسكم، أفلا تبصرون؟"

كلها دعوات موجَّهة إلى الإنسان ليستخدم ملكاته العقلية والحسية في ملاحظة الظواهر الطبيعية من حوله، لا لمجرد المعرفة، بل للوصول إلى إدراك وجود الله، وقدرته، وعلمه، ولطفه، وعدله.

ثانيًا: الظواهر الطبيعية كمرآة لأسماء الله وصفاته

الظل، والريح، والجبال، والمطر، والليل، والنهار، كلها ليست ظواهر مادية صمّاء، بل انعكاسات لأسماء الله وصفاته في الوجود.

- فامتداد الظل واحتواؤه هو رحمة
- وتعاقبه هو تقدير
- ودقّته وانتظامه هو علم وحكمة
- وسكونه حين يشاء الله هو قهر وسلطان

إنها مفاتيح لفهم أن الله ليس مجرد خالق للكون ثم تركه يسير بلا عناية، بل هو " ربّ العالمين"، يتجلى ربوبيته في كل تفصيل مهما بدا بسيطًا.

ثالثًا: الظواهر الطبيعية تربي في الإنسان التواضع واليقين

حين يتأمل الإنسان في ظاهرة مثل الظل، ويرى كيف تخضع للقوانين الإلهية التي لا يملك تغييرها، يشعر بعجزه أمام قدرة الله، وبحاجته إلى هداية الخالق، وبتفاهة قوته مقارنة بقوة من يُسيِّر الكون كله بدقة لا يختل فيها شيء.

إن هذا التأمل يولِّد توحيدًا صافيًا، ويُطهر القلب من الغرور، ويزرع في النفس يقينًا بأن كل ما في هذا الكون له معنى، وأن ما نراه ليس عبثًا ولا صدفة.

رابعًا: التفكير في الظواهر الطبيعية يقوّي العلاقة بين العلم والإيمان

الذي يتأمل في كيفية تشكّل الظل، ويجمع بين معرفة قوانين الضوء والانكسار، وبين آيات القرآن التي تصفه وتربطه بمشيئة الله، يدرك أن العلم لا يناقض الإيمان، بل يقوّيه.

فكلما ازداد الإنسان علمًا بحقائق الطبيعة، ازداد عجبًا من دقة الصنع، وكلما ازداد تدبرًا في القرآن، وجد إشارات وإلهامات تربط بين المعرفة والروح.

خامسًا: التفكير في الظواهر سبيل إلى الارتقاء الروحي

الذين تأملوا في الطبيعة من العلماء والمصلحين والمتصوفة والفلاسفة، وصلوا إلى درجات من السكينة والرضا والتسليم لم يكن ليصلوا إليها بمجرد المواعظ النظرية. لأن الإنسان حين يرى في كل لحظة من لحظات الطبيعة رسالة من الله، يتغيّر نظره للحياة.

- فالظل يصبح راحة من الله
- والريح تذكير بقوته
- والمطر غيث ورحمة
- والنجوم أدلّة وهداية

فيصبح العالم كله لوحة حيّة تتكلم بالله ولله، ويغدو الفكر نفسه عبادة، والتأمل بابًا إلى الصفاء الروحي.

خلاصة

إن أهمية التفكير في الظواهر الطبيعية تكمن في كونها جسرًا بين القلب والعقل، بين الحس والوحي، بين الإنسان وخالقه. وهي ليست رفاهية عقلية، بل ضرورة إيمانية، تجعل من كل مشهد في الحياة نافذة إلى معرفة الله، وتعلّق القلب به، والتسليم لحكمته.

وهكذا، فإن الظل، الذي قد يبدو شيئًا عاديًا في حياتنا اليومية، يتحوّل بالتفكر فيه إلى آية شاهدة، ومعنى عميق، وطريق إلى الله.

" إن في خلق السماوات والأرض، واختلاف الليل والنهار، لآيات لأولي الألباب. الذين يذكرون الله قيامًا وقعودًا وعلى جنوبهم، ويتفكرون في خلق السماوات والأرض: ربنا ما خلقت هذا باطلًا، سبحانك، فقنا عذاب النار. "آل عمران: ١٩٠-١٩١

الملاحق:

الآيات القرآنية التي ذكر فيها الظل.
٤٨ الفرقان

ألم تر إلى ربك كيف مدّ الظل ولو شاء لجعله ساكنًا ثم جعلنا الشمس عليه دليلًا

إشارة إلى امتداد الظل بتقدير إلهي، وارتباطه بالشمس كوسيلة لظهوره. دلالة على القدرة الإلهية.
٤٩ الفرقان

ثم قبضناه إلينا قبضًا يسيرًا

استكمال لما قبله؛ أي أن الله يقبض الظل تدريجيًا. دقة في الوصف الفيزيائي والكوني.
٣٠ النحل

وَلِلَّهِ يَسْجُدُ مَا فِي السَّمَاوَاتِ وَمَا فِي الْأَرْضِ مِن دَابَّةٍ وَالْمَلَائِكَةُ وَهُمْ لَا يَسْتَكْبِرُونَ

انظر في تفسيرها معنى سجود الظلال أيضًا ظل كل كائن يسجد لله؛ تعبير مجازي عن خضوع كل شيء له.
١٥ الرعد

وَلِلَّهِ يَسْجُدُ مَن فِي السَّمَاوَاتِ وَالْأَرْضِ طَوْعًا وَكَرْهًا وَظِلَالُهُم بِالْغُدُوِّ وَالْآصَالِ

سجود الظلال كصورة من صور الخضوع الطبيعي للنظام الإلهي.
٤٥ النحل

أَفَأَمِنَ الَّذِينَ مَكَرُوا السَّيِّئَاتِ أَن يَخْسِفَ اللَّهُ بِهِمُ الْأَرْضَ أَوْ يَأْتِيَهُمُ الْعَذَابُ مِنْ حَيْثُ لَا يَشْعُرُونَ

وفي تفسير بعض العلماء ذكر أن الظل قد يكون من النذر تحذير من العذاب، وبعض المفسرين يرون في الظل إنذارًا بقدوم الشمس والعذاب في بعض السياقات.

٤٣ الواقعة

وَظِلٍّ مِن يَحْمُومٍ

وصف لعذاب أهل النار، ظل من دخان شديد السواد والحَرّ، لا يقيهم حرًا ولا ينفعهم.

٣٠ المرسلات

انطَلِقُوا إِلَىٰ ظِلٍّ ذِي ثَلَاثِ شُعَبٍ

ظل جهنمي لا يُبرِّد ولا يُستظل به، تعبير عن فظاعة العذاب.

٣١ المرسلات

لَا ظَلِيلٍ وَلَا يُغْنِي مِنَ اللَّهَبِ

تأكيد على أن هذا الظل ليس فيه راحة ولا حماية. سياق عذاب.

ملاحظات:

- ورد الظل في القرآن في سياقين متباينين:
  - سياق رحمة وقدرة إلهية: كما في سورة الفرقان والرعد والنحل.
  - سياق عذاب ونقمة: كما في الواقعة والمرسلات.
- التفسير الرمزي للظل عند بعض المفسرين كالرازي والطبري والقرطبي يربط بين حركة الظلال وخضوع الكون لله عز وجل.
- المعاني المضمنة في هذه الآيات توحي بأن الظل ليس مجرد ظاهرة فيزيائية، بل له بعد روحي، وتعبدي، ودلالي في القرآن.

أمثلة من الأدب العربي والإسلامي حول الظل.

الظل، بما له من دلالات فيزيائية وروحية، كان له حضور واضح في الأدب العربي والإسلامي، حيث استخدمه الشعراء والكتاب لتعبير عن معاني متعددة، تتراوح بين الراحة والحماية من الشمس، وبين الرمزية المرتبطة بالحماية الإلهية، إلى دلالات العذاب والظلام الروحي. إليك بعض الأمثلة من الأدب العربي والإسلامي التي تناولت الظل:

١. الظل في شعر الجاهلية:

كان الشاعر العربي في الجاهلية يستخدم الظل للتعبير عن معاني متعددة مثل الراحة، الحماية من الحر، والمكان الذي يختبئ فيه الرجل في الصحراء بعيدًا عن أشعة الشمس الحارقة. ففي قصيدة للشاعر امرؤ القيس، يُعبّر عن الظل كملاذ من حرارة الشمس الحارقة:

"ألم تر أن الشمس قد أضاءت لنا... ولكن ظل الجبل يظلنا من شرها. "

هنا، يشير الشاعر إلى استخدام الظل كحماية من شدة حرارة الشمس في الصحراء القاحلة.

٢. الظل في الأدب الإسلامي:

في الأدب الإسلامي، أصبح للظل دلالات دينية وروحية عميقة، حيث ارتبط بمفاهيم مثل الرحمة الإلهية، السكينة، والراحة الروحية. في الشعر الصوفي، على سبيل المثال، يمثل الظل أحيانًا الملاذ الآمن الذي يقي الإنسان من تقلبات الحياة.

- الشاعر الصوفي ابن الفارض في إحدى قصائده يشير إلى الظل كرمزية للوجود الإلهي الذي يحيط بالإنسان:

" ظل محبته في القلب يعطره... ويكون ظل الفيض نورًا في الظلمات. "

هنا يُعبّر الشاعر عن كيف أن الظل يمكن أن يكون رمزًا للرعاية الإلهية، التي تعطي السكينة والراحة للروح.

٣. الظل في الأدب العربي الحديث:

في الأدب العربي الحديث، ظل يحتفظ بمكانة رمزية، حيث يتخذه الكتاب والشعراء للدلالة على العزلة، الابتعاد عن الضوضاء، أو الاحتياج للحماية. في شعر نزار قباني، مثلًا، نجد إشارات إلى الظل كرمزية للعزلة أو الوحدة:

"في ظل حبك أنا أعيش... وحين يختفي الظل، أجد نفسي في العراء. "

يستخدم نزار الظل هنا كرمز للراحة النفسية التي يجدها الشخص في حضن الحب، وعندما يغيب هذا الحب، يصبح الشخص مكشوفًا للعالم الخارجي.

٤. الظل في الحكمة العربية:

كما في الأمثال والحكم العربية، جاء الظل رمزًا للحماية والملاذ من تقلبات الحياة. مثلًا، يُقال في الحكمة العربية:

" ظلُّ الكريمِ دائمٌ، وظلُّ اللئيمِ متقلِّب. "

هذه الحكمة تشير إلى أن الشـخص الكريم يظل مصـدرًا للحماية والراحة للآخرين، مثل الظل الذي لا يزول. بينما الشـخص اللئيم لا يُمكن أن يكون ملاذًا ثابتًا، مثل ظل يختفي عند تغيّر الظروف.

٥. الظل في الأدب الفلسفي:

في الفلسـفة العربية الإسـلامية، ارتبط الظل بأفكار مثل الوجود والتصـور، والعالم المادي والمعنوي. الفيلسوف ابن رشد قد أشار في بعض مؤلفاته إلى الظل كجزء من تفسـيره للعالم الحسـي، حيث يسـتخدمه كتعبير عن الانعكاس والتقليد للأشياء في العالم المادي مقارنة بالحقائق الثابتة التي تمثلها الأفكار.

٦. الظل في الأدب الصوفي:

في الأدب الصـوفي، حيث يُعتبر التفسـير الرمزي جزءًا كبيرًا من أعمالهم، يُستخدم الظل للتعبير عن الوجود الإلهي الذي يحيط بالإنسان، أو عن الطريق إلى الحقيقة. في إحدى قصائد الحلاج، نجد حديثًا عن الظل كإشارة للوجود الإلهي:
"أنت في الظل، ظلُّك يضيء الدرب... "
هنا، يُراد بالظل الرحمة الإلهية التي تقود الإنسـان إلى الحقيقة، كما أن الظل قد يعني التوازن بين النور والظلام في رحلة البحث عن الله.

٧. الظل في الأدب العربي المعاصر:

في الأدب العربي المعاصـر، أصـبح الظل يسـتخدم أحيانًا كرمزية لوجودات اجتماعية وثقافية معقدة، حيث قد يكون ظل الحروب، ظل الاضـطهاد السـياسي، أو ظل الواقع الاجتماعي القاسـي. في شـعر محمود درويش، نجد أنه في بعض قصائده يشير إلى الظل كرمز للعيش في المنفى أو في ظل القمع:
"في ظل الغربة، يظل قلبي يبحث عن وطن. "
هنا، يشـير درويش إلى أن الشـخص في ظل الغربة يفقد الاتصـال المباشر بوطنه، تمامًا كما أن الظل يمكن أن يكون دائمًا ولكن بلا وجود حقيقي.

مصادر ومراجع علمية وشرعية

إليك قائمة بمصادر ومراجع علمية وشرعية يمكن الاعتماد عليها لدراسة موضوع الظل في القرآن والعلم، بالإضافة إلى بعض المراجع التي تتناول الرمزية الفلسفية والروحية للظل في الأدب العربي والإسلامي:

المراجع العلمية:

١. " فيزياء الضوء والظلال" باللغة العربية

- المؤلف: الدكتور ناصر عبد الله
- المحتوى: يقدم هذا الكتاب شرحًا تفصيليًا للظاهرة الفيزيائية للظل من منظور علمي، مع التركيز على خواص الضوء والانكسار والانعاكس في تكوين الظلال.

٢." الظلال في علم الفلك والفيزياء" بالإنجليزية

- المؤلف: جيرارد توماس
- المحتوى: يتناول هذا الكتاب الظل من زاويتين: الأولى في علم الفلك وعلاقته بحركة الشمس والأجرام السماوية، والثانية من حيث تأثير الضوء على الأجسام المسطحة أو المجسمة.

٣. " الضوء والظل: الأساسيات والتطبيقات"

- المؤلف: د. يوسف العلي
- المحتوى: شرح لتفاعل الضوء مع الأجسام المختلفة وكيف يتكون الظل. يتناول الكتاب تجارب علمية حول الظل ويحلل دور الضوء في تشكيل الظلال.

٤. "الظلال في الفيزياء: التفاعل بين الضوء والمواد" بالإنجليزية

- المؤلف: ستيفن هوكينغ
- المحتوى: يعرض هذا الكتاب شرحًا شاملاً لكيفية تكوّن الظل في العلوم الطبيعية، وتفسير الظلال في مختلف المجالات مثل الهندسة البصرية، الطيف الضوئي، وتفاعل الضوء مع المواد.

المراجع الشرعية:

١. " تفسير الطبري" الإمام الطبري

المحتوى: تفسير القرآن الكريم، ويعتبر مرجعًا أساسيًا لفهم معنى الظل في القرآن، خاصة في تفسير الآيات التي ذكر فيها الظل، مثل آية الفرقان والرعد. يقدم الطبري شرحًا موسعًا للظلال باعتبارها علامة من علامات القدرة الإلهية.

٢. "تفسير ابن كثير" الإمام ابن كثير

المحتوى: من أشهر كتب التفسير، ويوضح في تفسيره معاني الظل في القرآن الكريم ويُظهر أبعادًا تفسيرية وفقًا للعلوم الشرعية والبلاغية.

٣. "فتح القدير" الإمام الشوكاني

المحتوى: تفسير جامع يوضح فيه الشوكاني مفهوم الظل في القرآن الكريم ويطرح فيه تفصيلات حول تفسير الظلال في الآيات القرآنية، بالإضافة إلى مقارنات مع التفاسير الأخرى.

٤. "المفردات في غريب القرآن" الشيخ الراغب الأصفهاني

المحتوى: يفسر المفردات القرآنية ويعطي شرحًا عن الظل في القرآن وفقًا للمعاني اللغوية والنحوية والتفسيرية التي ذكرها العلماء.

٥. "الظلال في القرآن الكريم" دراسة تفسيرية

- المؤلف: الشيخ محمد قطب
- المحتوى: دراسة تفسيرية حديثة تناولت الظل في القرآن، وهو عمل يتحدث عن مفهوم الظل من حيث ارتباطه بالقدرة الإلهية ويُبين التفسير الرمزي والروحي للظلال في النصوص القرآنية.

المراجع الأدبية والفلسفية:

١. "الظل والضوء في الشعر العربي" دراسة أدبية

- المؤلف: عبد الله القيسي
- المحتوى: يتناول هذا الكتاب الرمزية الشعرية للظل في الشعر العربي عبر العصور، ويعرض العديد من الأمثلة من الأدب الجاهلي والإسلامي والحديث.

٢. "فلسفة الظل في الأدب الإسلامي"

- المؤلف: الدكتور حسن عبد الله
- المحتوى: هذا الكتاب يتناول الظل كرمزية فلسفية في الأدب الصوفي والفكر الإسلامي، ويشرح كيف يُستخدم الظل في التعبير عن مفاهيم مثل الحماية الإلهية والوجود الروحي.

٣. "الظل في الفلسفة الإسلامية"

- المؤلف: الدكتور أحمد محمد
- المحتوى: يتناول هذا الكتاب دور الظل في الفكر الفلسفي الإسلامي وعلاقته بالمفاهيم الميتافيزيقية والوجودية، كما يربط بين الظل كرمزية للإلهيات والوجود.

٤. "الشعر العربي بين الضوء والظل"

- المؤلف: أحمد يوسف
- المحتوى: يستعرض استخدام الظل في الأدب العربي وخاصة في الشعر، مع التركيز على تفسيراته الرمزية في الأدب الصوفي والشعبي.

المراجع الإلكترونية:

١. المكتبة الرقمية الإسلامية

- المحتوى: توفر هذه المكتبة الإلكترونية مجموعة من التفاسير والكتب التي تشرح الظل في القرآن الكريم والعلاقة بين الظل والقدرة الإلهية.

٢. موقع دار الإفتاء المصرية
- المحتوى: يحتوي على العديد من الدراسات والفتاوى التي تتعلق بمفهوم الظل في الشريعة الإسلامية وتفسيره من منظور ديني.

٣. الموقع العلمي "Physics of Light"
- المحتوى: يقدم هذا الموقع شرحًا علميًا مفصلاً للظواهر المرتبطة بالظل مثل الانكسار والانعكاس والحيود، ودورها في تكوين الظلال.